# 自信表达心理学

## YOUR PERFECT RIGHT

如何在各种情形下维护你的权利

[美] 罗伯特·阿尔伯蒂 马歇尔·埃蒙斯/著

张毅 谭靖/译

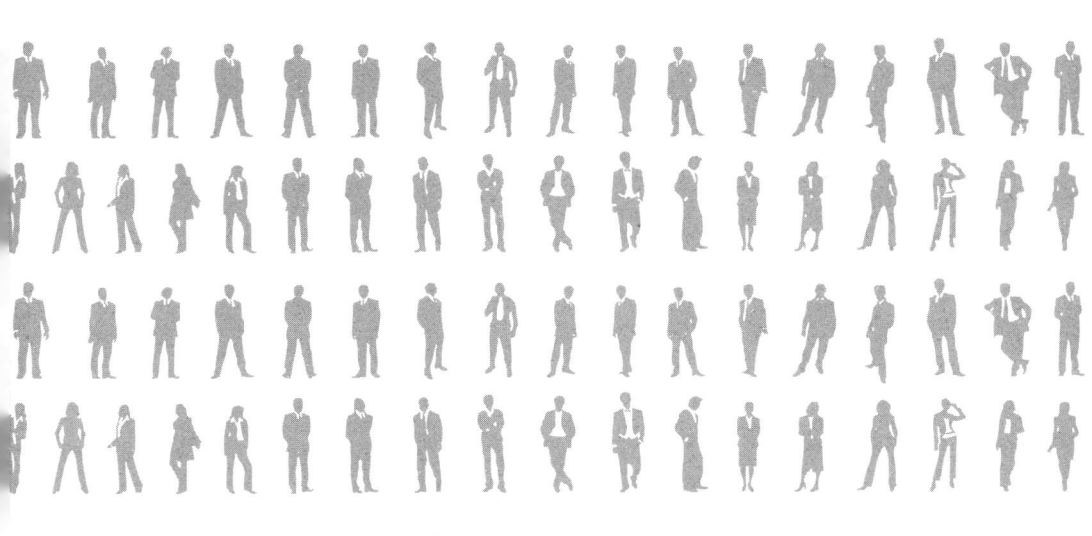

## 图书在版编目（CIP）数据

自信表达心理学 /（美）罗伯特·阿尔伯蒂，（美）马歇尔·埃蒙斯著；张毅，谭靖译. — 北京：北京联合出版公司，2022.4
ISBN 978-7-5596-5956-9

Ⅰ. ①自… Ⅱ. ①罗… ②马… ③张… ④谭… Ⅲ. ①自信心 - 通俗读物 Ⅳ. ① B848.4-49

中国版本图书馆 CIP 数据核字（2022）第 023920 号

Your Perfect Right: Assertiveness and Equality in Your Life and Relationships (TEN EDITIONS)
By Robert Alberti PHD AND Michael Emmons PHD
Copyright © 2017 By Robert E. Alberti AND Michael L. Emmons
This edition was arranged with NEW HARBINGER PUBLICATIONS
Through BIG APPLE AGENCY, INC., LABUAN, MALAYSIA.
Simplified Chinese edition copyright© 2022 by Beijing Tianlue Books Co.,Ltd.
All rights reserved.

### 自信表达心理学

著　　者：[美] 罗伯特·阿尔伯蒂　马歇尔·埃蒙斯
译　　者：张毅　谭靖
出 品 人：赵红仕
选题策划：北京天略图书有限公司
责任编辑：牛炜征
特约编辑：蝉时雨
责任校对：高锦鑫
装帧设计：朝圣设计

北京联合出版公司出版
（北京市西城区德外大街 83 号楼 9 层　100088）
北京联合天畅文化传播公司发行
水印书香（唐山）印刷有限公司印刷　新华书店经销
字数 269 千字　889 毫米 ×1194 毫米　1/16　20 印张
2022 年 4 月第 1 版　2022 年 4 月第 1 次印刷
ISBN 978-7-5596-5956-9
定价：49.00 元

版权所有，侵权必究
未经许可，不得以任何方式复制或抄袭本书部分或全部内容。
本书若有质量问题，请与本公司图书销售中心联系调换。
电话：010-65868257　010-64258472-800

# 序　言

这是马歇尔的主意。

1970年7月那个阳光明媚的星期二，电话铃响起的时候，我正在庭院里休息。在电话里——

等等！无论如何，有人读过某本书的序言吗？让我们从最基本的开始：这本书是讲什么的。对于可能感兴趣的人来说，历史可以稍后再讲。

本书是一个循序渐进的指南，指导你：

- 克服人际关系的焦虑
- 满足你的人际关系需求
- 建立更平等的关系
- 给你的生活和人际关系设立界限
- 学习并应用自信的技巧
- 更有效地表达你的需求

本书不是指导你：

- 欺负别人
- 随心所欲，想做什么就做什么
- 责备他人

- 操控他人
- 当着别人的面摔门而去
- 以牺牲他人为代价得到你想要的

你将会发现：

- 在第一部分，介绍了自信和鼓励的概念，以便让你了解自己的自我表达能力。
- 在第二部分，讨论了自信意味着什么，探讨自信在个人和社会关系中的含义，包括几种情形的示例，以帮助阐释和明确这一概念。
- 在第三部分，有详细的解释以及步骤说明，以培养你的自信行为，表达你的需求和感受，同时尊重你生活中的其他人。
- 在第四部分，提供了在亲密关系——和朋友、家人、亲密伴侣——中保持自信的有用建议。
- 在第五部分，探讨了自信行为的实际应用：处理愤怒、对奚落做出回应、工作中保持自信，以及和难相处的人打交道。

在书的最后一个部分，即第六部分，会有一些关于如何自信生活的问题答案，包括决定什么时候自信或者什么时候不自信的指南，当自信不起作用的时候如何应对，以及帮助你身边的人应对你生活方式的改变。

好了，这就是你对一本书"引言"的全部需要，你可以跳到第1章。对于那些想了解本书背景的读者，请继续阅读。

## 本书是如何变成这样的

我们写这本书的想法始于一些人——我们在一所大学咨询中心的一些客户——需要帮他们克服为自己大声说话时的恐惧。事实上，这就是我们的书名——《自信表达心理学：如何在各种情形维护你的权利》——的来源。让我们担忧的是，竟有如此多的人被他人操控，被他人摆布，在人际关系中被剥夺了平等的地位。我们已经做了大量的工作，帮助这些人学会更有效地处理生活中需要更强硬回应的情形。

这就是我们的出发点，正如本书第一版的引言所述。（我们希望你们考虑一下当时的年代——1970年——并原谅我们采用的男性代词。这些年来，我们也学到了很多！）

这本书为一般或专业读者介绍了一些通过自信训练来处理焦虑的方法……当一个人能够维护自己的权利并主动做事时，他以前在关键场合的焦虑或紧张会明显减少，而他作为一个人的价值感则会增强。

除了第一版强调"通过自信训练来处理焦虑的一些方法"之外，我们还努力让这本书保持与时俱进。多年来，为了响应各个地方的同事大量的研究和实践，新版本提供了处理愤怒的更好解决办法，对社会技能有更广阔的视野，并且提供了处理社交焦虑、对他人更为体贴、自信地表达关心和同情、认识并坚持需求和目标、在线自我表达、自信的亲密行为与性行为、职场中的自信以及与难相处的人打交道的方法。

## 这一切是怎么开始的

现在，我在哪里？哦，是的……

1970年7月那个阳光明媚的星期二，当电话铃响起的时候，我正在院子里休息。电话是我在大学咨询中心的同事马歇尔·埃蒙斯打来的。"你曾经做过一些自信训练，是吗？"他问道。

"是的，"我告诉他，"但是你为什么这么问？"

马歇尔告诉我，他从心理学文献的检索中惊讶地发现，几乎没有任何文献能够详细地解释自信训练。我们俩都熟悉约瑟夫·沃尔普和阿诺德·拉扎鲁斯的开创性工作，但是他们的讨论仅限于为专业人士所写的一篇文献中的某一章。我们后来的朋友安德鲁·索尔特（Andrew Salter）有一两个论文项目以及更早之前的一本书，他称其为"与条件反射疗法相关，但与自信本身无关"。

马歇尔接下来的一句话让我措手不及。"让我们为顾问和咨询师们写一本指南吧。"他提议。现在，我很享受写作，并且毫无疑问，我们可以把一些有用的东西放在一起，但是我真的想写一本书吗？好吧，为什么不呢？

我们决定试一试，那年夏天剩下的时间里，我和马歇尔一起加快了速度，为一本小手册记下了许多想法。十月初，我们已经完成了这本书的第一版。我们对这个项目满怀乐观，1970年10月16日，在洛杉矶举行的南加州第一届行为矫正大会上，我们摆了一张小折叠桌，并以每本2.5美元的价格开始预售这本书。我们对读者的兴趣感到惊讶：仅凭一份目录和几段描述，我们就卖出了60本。我们的出版社（Impact Publishers）由此诞生。

我们的妻子各自用IBM的电动打字机将文章打出来（你们有些人年纪可能足够大，能够记得打字机！），最初100页的手册于1971年1月发行。第一批书中的一本到了精神病学家马歇尔·瑟伯（Michael Thurber）博士的手里，他同意为当时的新杂志《行为疗法》（*Behavior Therapy*）撰写一篇关于我们这本小册子的评述。幸运的是，或者说是"机缘巧合"，在洛杉矶举行的那次会议上，我们的展位就在行为治疗协会展位的旁边，因而我们结识了行为治疗协会的第一任主席以及《行为疗法》杂志的编辑——罗格斯大学的西里尔·弗兰克斯博士，他成为了我们一生的朋友和工作的支持者。

大约一年的时间里，我们就卖出了首批印刷的1000本书（在我父母车库里的一台小型印刷机上制作完成的）。接下来的六个月里卖出了第二批的2000本，几年之后，又卖出了5000本；从那以后，我家人的印刷速度便跟不上了。1974年，我们修订增加了著作的内容，并发行了第二版。大约在那个时候，大学公共事务办公室发表了一篇有关我们的成功的新闻稿。《洛杉矶时报》报道了这件事，然后，用今天的话来说就是，这个项目"就像病毒一样迅速传播开来"。

尽管本书是第一本专门讨论自信这一主题的书，但它并不是唯一的一本。我们的成功确实催生了其他数十种书籍（包括我们出版的一些），其中一些至今仍在印刷。从研究文献、我们得到的好评、这本书惊人的销量以及来自全国各地同僚的反馈，都可以明显看出，自信训练帮助了一大批心理治疗患者和自助读者。

20世纪70年代末，我和马歇尔在全国各地为专业人士举办了一系列培训研讨会，向他们传授我们开发的流程，并从他们那里学习了许多可以添加到我们模型中的伟大想法。这些想法对这一过程的发展——该书后续的版本——至关重要。

当我坐在键盘前准备本书第10版的时候，我不禁回想起这本书在过去47年里的意义。如此多的变化——在我们的生活里，在这个世界上，在自信的含义上。

令人悲伤的是，最值得注意的变化——迈克现在已经走了。他每况愈下的健康状况使他无法积极参与这次新版的写作，我非常怀念他的睿智、深思熟虑和远见卓识。我已经尽了最大的努力，但没有他的参与，事情还是有所不同。

## 自信到底是怎么回事

正如你所想象的（可能是所希望的！），在准备这次修订时，我对有关自信、社交技巧和社交焦虑的文献进行了大量研究。我发现了最近有许多关于自信应用的研究，但并没有太多关于新方法的研究。（也许我应该觉得这令人安心）。最近的很多研究主要围绕着自信在非洲、东欧、印度、中国、日本、泰国和伊朗的应用而展开。这个概念当然是有腿有脚的，它们正在环游世界。

一些最有趣的应用涉及商业领袖、护士、夫妻、实习教师、社会工作者、医院雇员、助产士和青少年。研究和培训工作集中在在发展中国家和发达国家的女性身上——中国和爱尔兰的护士、土耳其的头痛患者和大学生、日本的经理、西班牙的IT工作者、以色列的客户服务供应商、美国的手术室护士和低收入父女、美国农村地区的青少年、澳大利亚的助产学学生。

## 我们要朝哪里前进

我们在20世纪60年代开始进行自信训练，那时的世界更为简单，变得非常自信意味着要维护自己的权利，不让别人摆布或占你便宜。考虑到当时的形势，这个词的含义迅速扩大到包括对社会政治运动的支持：民权、妇女平等、个人自由。

当然，这些个人和社会问题仍然伴随着我们，但如今，"在一个疯狂的世界里自信地活着"需要谨慎一些。评估一个自信行为的可能后果比以往任何时候都更重要。这通常值得冒险，但有时候最好的办法是"放手"。

随着世界变得越来越"小"，我们设想了一些可能影响人际关系中自信的因素。我们可以期待以下的方面都得到发展：

- 更加强调人际关系中的平等
- 更有效的处理愤怒的方法
- 认识到什么时候该放手，什么时候该接受而不是坚持
- 对他人的需求更加敏感；这不仅仅是你我的事
- 以更好的方式处理学校、社区以及全球的欺凌问题
- 通过电子和社交媒体进行自信交流的新方法
- 更好地处理各种文化、生活方式和信仰体系的技能

当然，我们无法真正预测，没有人可以拥有一个有用的水晶球。我们所知道的是，无论现在还是将来，你都会找到一种自信的方法来处理你生活中平等的关系，这将会帮助你满足自己的需求，

实现自己的目标。如果你遵循我们这里描述的模式，那么你生活中的其他人也会受益。

我们相信这本书为你提供了培养这些技能所需要的工具。我们祝愿你在通往更有效、更自信的自我表达道路上一帆风顺。

——罗伯特·阿尔伯蒂

# 目　录

序言

## 第1部分　你和你的绝对权利

我们的目标是鼓励人们——包括你——维护自己的权利。我们把自信当作建立更加平等的人际关系的工具——以避免因你没能正确表达自己的真实想法而经常产生沮丧感。这种人际关系的方法强调尊重每个人，可以帮助弱者以公平权利去竞争，并在尊重他人权利的同时表达自我。此外，它还可以帮助你在坚持自己的立场的同时表达正面感受。

### 第1章　自信与你

自信怎样发挥作用 / 4

自信与大脑 / 5

谁需要 / 6

自信的选择 / 8

是什么在妨碍自我表达 / 10

如何从本书中获益 / 11

### 第2章　你现在自信吗

分析你的问卷结果 / 18

## 第3章　记录你的成长过程
　　让日志为你服务 / 24

# 第2部分　什么是自信

　　自信行为是因人因事而异的，而不是一成不变的。什么是自信行为，要取决于所涉及的人和所处环境的情形。尽管我们相信，就大多数人和环境而言，本书中所下的定义和所举的例子都是现实的、恰当的，但仍需要考虑个体差……

## 第4章　谁的绝对权利
　　有人高人一等吗 / 30
　　21世纪的自信女性 / 31
　　男性同样需要自信 / 33
　　生活在一个多种文化的多元世界 / 35
　　不同在哪里 / 36
　　背景与自信有什么关系 / 37
　　社会经常阻碍自信 / 38

## 第5章　自信意味着什么
　　自信行为、不自信行为和攻击行为 / 43
　　自信与个人边界 / 46
　　自信方面的文化差异 / 47
　　不仅仅是文化 / 48
　　"但是，人类不是天生就具有攻击性吗？" / 48
　　如何区分各种行为 / 49
　　自信的社会后果 / 50
　　"要友善" / 51
　　21世纪的自信 / 52

自信行为的 11 个要点 / 54

## 第 6 章　"能举个例子吗？"
认清你的不自信行为和攻击行为 / 62

# 第 3 部分　怎样变得更自信

你可以掌控自己的成长进程，指引你自己向着积极的、自信的方向发展。你将发现，你的态度会随着你的行动而改变。这些结果可能会令你感到惊奇。别人积极的回应、更加良好的自我感觉、实现自身目标，将是你表达自我和维护自身权利的回报。要重视这些积极成果，它们将在你实践新的技巧时为你提供重要的支持和鼓励。

## 第 7 章　为自己确立目标
"如何知道自己需要什么？" / 67

"你好，需要？是我，蒂姆·伊德。" / 68

个人成长的行为模式 / 69

目标的结构化 / 70

向目标前进 / 77

## 第 8 章　重要的不是说什么，而是怎么说
"我从不知道要说什么！" / 79

自信行为的构成要素 / 81

检查一下你的"综合能力" / 94

## 第 9 章　自信的信息——21 世纪的风格
如何发出信息 / 100

盘点自信 / 101

电话信息 / 102

书面信息—网络邮件或普通信件 / 102

上网的孩子们 / 106

## 第 10 章　自信地思考

自我表达与大脑 / 112

你对自信的态度 / 113

你对自己的态度 / 114

妨碍你坚持自己的权利的各种想法 / 115

处理思维模式的有效方法 / 117

别再设想那些最坏的可能 / 121

我还能为自己的思维做点什么 / 121

有人比其他人更重要吗 / 123

## 第 11 章　没什么可怕的

认清你的恐惧：SUD 等级 / 127

列出并标注你的恐惧 / 128

克服焦虑的方法 / 129

对焦虑的总结 / 140

## 第 12 章　你能学会这个技巧

改变行为和态度 / 141

从这里到那里 / 142

你何时做好开始的准备 / 144

## 第 13 章　每次走一步

增进自信的分步骤程序 / 147

# 第 4 部分　建立自信的人际关系

我们发现，对于很多人来说，表达正面的、关爱的感受甚至比"维护自己的权利"更困难。表达温情通常很难以开口，成年人尤其如此。尴尬、怕遭到拒绝或嘲笑，以及理智高于情感的观念，都是不能自然地表达温情、关爱和爱的借口。有效的自信会帮你在与别人交流时更自由地表达这些正面感受。

## 第 14 章　自信与建立平等关系

你的社会大脑 / 158

"世界现在需要什么？" / 160

伸出你的手 / 160

"谢谢，我需要它！" / 163

道歉 / 165

友谊 / 166

性别鸿沟 / 168

自信，在一个正在缩小的世界里 / 169

## 第 15 章　在家里：父母、孩子和老人的自信

孩子们这样说 / 172

他们长大了，不是吗 / 174

老年人也能自信吗 / 175

自信与家庭里的平衡 / 176

## 第 16 章　自信、亲密和性

亲密和性是一回事吗 / 179

这就是全部吗 / 181

自信的性 / 182

性是一种社会行为 / 186

自信的性生活的几个基本技巧 / 187

当说"不"无法应付的时候 / 188

亲密关系中的自信和平等 / 189

# 第 5 部分　运用自信

需要自信的地方无所不在。本书将提供翔实、实用、有效的方法，帮你运用自信技巧，让你能有效地处理自己的愤怒和别人对你的愤怒；帮你应对各种形式的羞辱行为；帮你在职场

上获得自信，全方位为你展示如何自信地寻找工作、参加面试、适应一份新的工作，与同事和上司相处，以及开展领导管理工作；此外，本书还会教你自信地对付各种难缠的人的实用技巧。

## 第 17 章　愤怒不简单

愤怒真的不简单 / 193

我们对愤怒了解多少 / 194

关于愤怒的流行神话 / 194

愤怒的真相是什么呢 / 199

愤怒会损害你的健康 / 199

为什么我会如此愤怒 / 201

## 第 18 章　对自己的愤怒，你能做些什么

好好照顾你的愤怒 / 206

接受你的愤怒 / 206

解决问题 / 207

在生活中尽量不生气 / 208

在感到愤怒之前就着手处理 / 210

感到愤怒时，要自信地作出反应 / 211

当别人对你发怒时 / 212

有效解决冲突的 13 个步骤 / 213

处理生活中的愤怒情绪的关键 / 215

## 第 19 章　我们必须忍受羞辱吗

应对批评——内心的和外部的 / 218

直接语言羞辱 / 219

间接语言羞辱 / 220

非语言羞辱 / 221

自我羞辱 / 222

克服它，继续前进 / 222

## 第 20 章　职场中的自信

　　职场中的自信 / 226

　　找工作 / 227

　　面试 / 228

　　"新来的人"能自信吗 / 230

　　职场中的人际关系 / 231

　　与上司相处 / 233

　　自信地领导 / 234

　　你的优先选择 / 236

　　更多的职场情境练习 / 237

## 第 21 章　对付难缠的人

　　你怎么想 / 240

　　怎样对付那些家伙 / 241

　　情况虽然严重，但并非没有希望 / 246

# 第 6 部分　自信地生活

　　自信始终是一种个人选择，我们并不需要时时刻刻都"维护自己的权利"，只有在有必要的时候，我们才采取行动。本书将告诉你什么时候才需要采取自信。自信并不是包治百病的灵丹妙药，它有时候也会不起作用，因此，要对自己和每一种情境进行谨慎的评估。你日益增强的自信会直接影响到那些最亲近的人，你需要了解你别人的影响以及别人对你可能存在的不利反应。

## 第 22 章　决定何时要自信，何时随它去吧

　　"那么，我怎么知道什么时候需要采取行动呢？" / 251

## 第 23 章　当自信不起作用时

　　如果你不坚持，就只有失败 / 260

当你错了的时候 / 264

避免失败 / 265

## 第 24 章 帮助他人与崭新的、自信的你相处

在别人看来怎么样 / 268

了解你对别人的影响 / 269

可能存在的不利反应 / 269

如何让别人参与进来 / 271

## 第 25 章 超越自信

"现在太晚啦！" / 276

钟摆的摆动 / 278

自信和全面健康 / 278

自信与健康之路 / 279

自信与常识 / 281

超越自信 / 283

# 附 录

## 自信练习情境

自信练习情境 / 285

家庭情境 / 285

亲密情境 / 287

消费者情境 / 288

职场情境 / 290

学校和社区情境 / 292

社会情境 / 293

总结 / 295

# 致 谢

第1部分

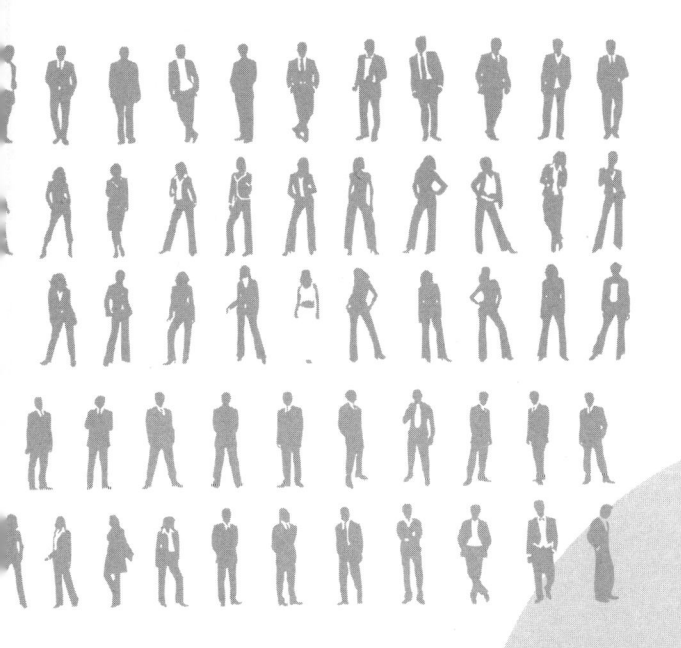

# 你和你的绝对权利

# 第 1 章

## 自信与你

> 公平待人，但也要始终要求别人公平待你。
>
> ——艾伦·艾尔达[①]

不要让这个标题愚弄你。这本书不是要教你为所欲为，而是教你在生活中与他人平等相处。我们都关心你生活中以及社会关系中的平等与平衡。想想下面这件事：

你喜欢本杰瑞（Ben & Jerry's）冰激凌吗？是"小胖猴儿"，还是"胖老公"或"樱桃加西亚"或"白俄罗斯"？

好了，这是跟你开个玩笑。谁不喜欢味道香甜的高级冰激凌呢？（当然，那些不幸的乳糖不耐症患者除外。）我们之所以问这个问题，是因为在本杰瑞冰激凌成为一个全国品牌——现在已经成了世界品牌——的成功背后，有一个有趣的故事。

在新英格兰，本和杰瑞因以佛蒙特奶牛为商标的香甜的"家庭自制"冰激凌而赢得了令人羡慕的名声，但在此之后的1984年，他们却差点儿关张大吉了。正是在这个时期前后，本杰瑞冰激凌才真正开始受到关注。事实上，由于本杰瑞冰激凌名声太大，以至于哈根达斯冰激凌的母公司——皮尔斯伯利公司——开始向零售商宣布，如果他们想销售哈根达斯冰激凌，就不得销售本杰瑞冰激凌。正如你可能猜到的那样，这一警告把本杰瑞冰激凌的零售商吓坏了，大部分商家准备放弃经营"精品佛蒙特"。

---

[①]艾伦·艾尔达（Alan Alda, 1936—），美国演员、导演、剧作家。——译者注

然而，对所有冰激凌爱好者来说，幸运的是，本杰瑞公司没有被吓倒。除了采取反垄断的法律行动之外，他们还开展了一场广泛的宣传活动，并打出"美国大兵怕过啥？"的口号。在雇用波士顿一流的律师进行激烈的反垄断谈判的同时，本杰瑞团队还用传单、T恤衫和保险杠贴纸等方式来争取公众的支持。经过一年的诉讼、反诉讼，以及价值无限的全国性宣传活动，这场争端得以庭外和解，本杰瑞也成为很有价值的高级冰激凌品牌。

现在，让我们澄清一下，本书并不是一本关于冰激凌的书，也不是一本关于反垄断诉讼的书，更不是一本关于大卫和歌利亚的书。（当然，也许跟大卫和歌利亚沾一点点边儿。）我们并不提供什么"查尔斯·阿特拉斯（Charles Atlas）"式的方法，去帮你把那个往你脸上踢沙子的家伙打趴下，也不会教你投机取巧或者打赢一场官司的技巧。如果你正在寻找如何操纵别人的方法，那么你读错书了。我们相信，世界上这类读物已经太多了。

我们的目标是鼓励人们——包括你——维护自己的权利，就像1980年代本·科恩（Ben Cohen）和杰瑞·格林菲尔德（Jerry Greenfield）面对皮尔斯伯利时那样。我们用50多年时间研究出来的简单易懂的方法将帮助你做到这一点。我们把自信当作建立更加平等的人际关系的工具——以避免因你没能正确表达自己的真实想法而经常产生沮丧感。这种人际关系的方法强调尊重每个人，可以帮助弱者以公平权利去竞争，并在尊重他人权利的同时表达自我。此外，它还可以帮助你在坚持自己的立场的同时表达正面感受。

## 自信怎样发挥作用

这个方法其实很简单。我们将教你一些基本原则，并举一些实例，紧接着再向你介绍一系列具体的步骤。你要做的——如果你决定要尝试这种方法——是认真阅读本书，并实践我们提供的方法。

这听起来是不是好像需要做很多工作？其实不是。你只需要坚持不懈，并下定决心改善自己的生活！

下面是关于我们这个话题的一个例子：

> 凯特琳看了看手表——已经是晚上7：15了。她知道，老板西恩大概快急疯了。今天下午4：55的时候，他来到凯特琳的办公桌前，要她在明天早上8：15召开董事会之前，必须准备好这份报告。这已经不是第一次了……

在这种情况下，除了会感到愤怒、慌乱和无助，你还能做什么呢？在遇到类似挫折的时候，改变自己的确很难，但是你能做到，我们将教你怎么做。本书将为你提供一个可信的循序渐进的方法——通常称为"自信训练"——帮你改善自己的人际关系。只要你照着去做，我们确信它会对你有用。已经有数百万的人通过应用这种方法，学会了更加有效地表达自我，并由此实现了更多的人生目标。

顺便提一句，你也许会很吃惊地获悉——就像这项研究成果发表时我们也很吃惊一样——我们的大脑有一个极其复杂的神经系统，这个神经系统对我们的社会行为会产生至关重要的影响。只是在最近10年，神经学家才发现这个神经系统的一些主要模式，这些模式对我们有效表达自身情感的能力非常重要。

## 自信与大脑

最近15～20年间，有关大脑发育与功能方面的研究成果大量问世。研究人员告诉我们，这些研究成果表明：一个人建立有效社会关系的能力在其人生早期阶段即开始发展，并通过大脑中的神经回路形成事实上的"硬件"。如今，心理学家把这些或多或少与生俱来的性格称为"性情"——与我们通常所泛称的"个性"非常接近。

这些"社会智商"大脑神经模式主要集中于两个方面：
❀ 对别人感受的敏感度（例如，感知别人的感受并与之共鸣的能力）；
❀ 对这些感受做出恰当反应的行为能力（例如，社交技巧）。

这些早期在大脑中成型的反应模式很难改变，但又是能够改变的。这意味着，每个人都能学会更有效地表达自我，也意味着，你需要考虑自身的性情和学习方式。

对于那些亟须"对别人感受的敏感度"的人来说，需要培养自己解读别人的信号（社会暗示）的能力，以及发现如何感知并理解别人的需要、感受以及行为的能力。（有趣的是，甚至在能够测量大脑功能模式之前，心理学家就已在这一领域做了大量的工作；在20世纪60年代和70年代，我们将其称为"敏感训练"。）

那些需要培养"对别人的感受做出恰当反应的行为能力"的人将会发现，自信——你将从本书中学到的能力——是一个人全部社会能力的核心。

有关社会关系的大脑研究是一门新兴的、非常令人兴奋的、正在发展的学科，也是一门十分复杂的学科。我们在本书中将会再谈及这方面的研究。

## 谁需要

当邻居来访，在45分钟里一直喋喋不休地说些其他邻居的闲话时，珍妮特真的是烦透了。在大多数时候，珍妮特会因为这种情况一再发生而对自己感到很气恼。

本书主要是为那些——像珍妮特一样——不能维护自身权利的人写的吗？不全是。本书的第一版（1970年）的确是写给那些有这类麻烦的人的，此后，我们又进行过多年的研究，现在我们发现在与人更好地相处的问题上，任何人有时都需要帮助。

如果你和我们大多数人一样，你的个人权利每天都会以种种方式受到削弱——在家里、在职场、在学校、在商店、在饭馆、在俱乐部会议上。许多人发现自己面对这种情况会不知所措，不知道怎样采取正确的行为。

你会如何应对下列情境呢？

- 你想对别人要你帮忙的请求说不；
- 你想打断一个在晚餐时间接到的推销电话；
- 一个同事羞辱了你；
- 你的配偶对你摆出一副臭脸；
- 一个邻居直到凌晨三点还把音响开得震天响；
- 你的孩子对你大声嚷嚷。

你能向别人表达自己热情、积极的感受吗？在聚会中，你能自如地开始与陌生人交谈吗？你有时会觉得无法有效地把自己的意愿表达清楚吗？你是不是很难对那些善于游说的人说"不"？你在一个群体中是不是经常"垫底"，受别人的摆布？或者，你为了自己而去摆布别人？像这些时候，我们都需要"生存策略"——让对方明白有些事情做得太过分的各种应对方法。有些人会忍气吞声，继续烦恼；也有些人则采取惩罚、奚落的方式回击冒犯者。

我们认为，还有一个更好的方法。我们赞同平等的原则，而不是为所欲为，不是以牙还牙，也不是逆来顺受。我们认为，最重要的是要肯定你和他人双方的自我价值。

处理这样的事情，尽管没有一个绝对正确的方法，但有一些基本原则可以帮助你在人际关系中更加自信，也更加有效。你在阅读本书的过程中，将会学到这些原则，也将会发现如何培养和运用这些公平的、让双方自尊都不受伤害的策略。

你不必为了不受胁迫而去胁迫别人，也不必任人摆布。在大多数情况下，通过学习有效的自信，你将可以直接而真诚地处理这些烦恼，并与所有人保持平等——至少，在大多数时候是这样。

在下一页的长方框中，我们将列出我们正在讨论的一些日常生活情境。

## 自信的选择

> 查韦斯和琳达不知道餐厅的侍者是把他们给忘了，还是忽视了他们，或者仅仅是因为太忙了，他至少有15分钟没有到他们的桌边来了。他们可要赶着去看戏啊……

自信，是除了无能为力或操纵别人之外的另一种选择。我们将在本书中为你提供一个方案，帮助你更加有效地表达自我、保持自尊并且尊重他人。我们坚信人人平等，本书也奉行这一原则，鼓励所有相互尊重、相互重视的积极人际关系。

你可能听说过很多关于自信的含义的流行观点。其中大部分我们都不认同！例如，漫画家齐格有幅老漫画，描绘了很多人都有的倒霉蛋的形象。在漫画中，我们的"英雄"正往一个挂着"自信训练班"牌子的大门走去，牌子的下面还挂着另外一块牌子，上面写着："不必敲门，直接进来！"（你可能猜出了我们的观点：直接闯入并不代表自信！）

多年来，市面上流行许多关于自信的书籍，把自信看作一种为所欲为的技巧。但那不是我们的目标。正如我们已经说过的，本书并不提供如何操纵别人的花招。我们提倡一种不那么有攻击性的自我表达方式，并努力纠正关于自信的错误观念。我们将帮助你明确自己的人际关系目标，并教你如何在不试图控制别人的过程中，树立个人生活方面的控制意识和权利意识。

攻击（aggression）与自信（assertiveness）经常被人们混

## 需要自信的常见情境

❖ 你想对一个请求坚定而和蔼地说不。
❖ 你希望你的伴侣更主动地表示亲昵。
❖ 你对餐桌上的家庭争执感到厌烦。
❖ 你希望已成年的孩子常回家看看。
❖ 你反对医院对待老年患者的傲慢方式。
❖ 你室友的客人来访过频,待的时间太晚,令你很不舒服。
❖ 你收到一封看起来像是奚落你的电子邮件,但你又不能确定。
❖ 一个同事太爱打听你的私事。
❖ 你的老板无理占用你的私人时间。
❖ 你知道自己工作单位的一些违法的事情。
❖ 你不同意你的行业协会所采取的政治立场。
❖ 你对地方学校董事会最近的一项决定感到很生气。
❖ 你的雇主拒不执行男女同工同酬。
❖ 汽车修理工未经你同意就擅自修理了你的车。
❖ 你的房东拒绝对你的住所进行必要的维修。
❖ 邻居家直到凌晨还在进行喧闹的聚会。
❖ 你们当地电影院的观众在电影放映时经常大声说话。
❖ 你知道邻居的一个孩子总是欺负你的孩子。
❖ 你看见别人在大学的考试中作弊。
❖ 作为老师,你希望你的学生们加强课堂纪律。
❖ 你希望能够公开表达自己的赞赏和爱慕。
❖ 你的孩子在放学后被人欺负。
❖ 你很难拒绝别人的求助或者邀请。
❖ 当别人征求你的意见时,你总是说:"我没有意见。"
❖ 在高速公路上,你发现自己经常咒骂别的司机。
❖ 你害怕表现出自己的愤怒。
❖ 你在餐厅要求提供服务时总是有点犯怵。
❖ 推销员强行向你兜售你并不想买的东西。

淆，但两者是截然不同的。攻击意味着"老子第一"，任意摆布别人，不尊重别人的权利。而正如你在下面将会了解到的那样，自信则体现了对所有人的权利的真诚尊重。

许多人，包括一些书的作者，常常把自信等同于"说不"。虽然那是我们讨论的一个重要的方面，但其含义要多得多。以下是我们对健康的自信所作的定义：

> 自信的自我表达是一种直接、坚定、积极的——必要时需要坚持——意在促进人际关系平等的行为。自信使我们能够按照自己的最佳利益行事，维护自己的权利而不过度焦虑，行使自己的权利而不践踏他人的权利，并真诚、自在地表达自己的感受（例如，喜爱、爱情、友谊、失望、烦恼、愤怒、后悔、悲伤）。

面临困境，很多人倾向于作出不自信的反应，等机会过去很久之后，才去思考一个妥当的回应办法。另外一些人则作出攻击性的反应，给人留下一个很深的负面印象，而后又经常感到后悔。通过培养更恰当的自信行为方式，你将能够对各种不同的情境自然而然地作出恰当的反应。

## 是什么在妨碍自我表达

在帮助成千上万的人学习如何尊重自己并直接、坦诚地表达自我的过程中，我们发现，自信有三个特别难以克服的障碍：

❖ 很多人不相信自己有自信地表达自己的权利；
❖ 很多人对自信感到极度的焦虑和担忧；
❖ 很多人缺乏有效地表达自我的技巧。

此外，最近一些神经科学方面令人兴奋的研究成果，也使我们对正在讨论的话题有了新的了解。例如，现在脑科学家告诉我们：有些人天生就带有羞怯或社交障碍的遗传基因。不过，只要你按照我们描述的方法努力练习，就能在很大程度上克服这些障碍。我们指出了个人权利和健康的人际关系方面的主要障碍，并提供了一些经实践证明十分有效的方法，来帮助你克服这些障碍。

在后面几章中，我们将讨论不自信行为、攻击行为和自信行为的概念，并通过大量实例和详细的说明向你展示这些行为方式在生活中的具体表现。

顺便提一下，从有利的一面看，大脑研究还表明，我们的大脑中有一种被科学家称为"镜像神经元"的物质，它会引导我们去模仿别人的行为，帮助我们学习恰当的社会行为，并对别人的行为作出有效的回应。随着我们对人类的长处和弱点了解得越来越多，本书的各类自我表达方法将为你的"个人效能"提供强大的动力。

## 如何从本书中获益

学会更有效地回应，将可以缓解你在处理与他人关系时的紧张情绪，甚至可以让你在其他方面感觉更好。头痛、四肢无力、胃功能障碍、皮疹，甚至哮喘等疾病有时就与不能直接表达自身感受有关。自信可以帮助你避免出现这些症状。

许许多多的科学研究表明，通过培养维护自身权利的能力、克服社会交往时的焦虑、主动采取行动处理对自身重要的问题，就可以缓解你的压力，增强你的个人价值感。通过学习有效地表达自我，成千上万有表达障碍的人已经获得了更大的自我满足。

你可以变得更健康、更自如地处理人际关系，在表达自我时更自信、更有能力并更自然。此外，你很可能还会发现自己越来越受到别人的尊重——尤其是如果你以尊重和友好的方式对待对方。无论你的目标是个人的、社会的、与工作相关的，甚至是改变世界，你都会发现，认真阅读并实践本书中的观念和方法，将有助于你培养更有效地自我表达、建立更健康的人际关系的能力。

令我们非常欣喜的是，成千上万的临床医生将本书作为辅导读物推荐给他们的患者。事实上，也许这正是你阅读本书的原因。我们还很高兴地注意到，三个独立进行的专业调查显示，在关于自信方面的书籍中，本书所获的支持率始终是最高的，并且跻身于最经常被推荐的自助类书籍的行列中。

在读下一章之前，请想一想你为什么要拿起这本书。你是想就自己生活中某一具体方面寻求帮助吗——也许是工作，或者家庭关系？你是否憧憬过如何让自己的生活发生变化？第7章将具体介绍确立成长目标的问题，但是现在你还是花些时间思考一下，通过阅读本书，你到底想要获得什么。然后，在你准备好之后，就接下来看看什么是"自信"吧。

# 第2章

# 你现在自信吗

> 如果你不能说不,那么你将无法掌控你自己的生活。
>
> ——兰迪·帕特森(Randy Patterson)

在继续探讨什么是自信行为以及自信行为如何帮你创造更满意的生活之前,我们认为你将会发现,研究一下你的自我表达方式是大有好处的。在这一章,我们提供了一份简短的问卷,它能让你对自己应对各种日常生活情境的能力有更多的了解。

你对自己的自信了解多少?别人的反应会给你一些线索。玛利亚阿姨对你说:"你这个厚脸皮!"你的老板要求你对顾客要更强硬一些。或许,孩子们认为你该"教训"那个修理工。或许,你尽量对一个店员大声说话,而他却对你报以轻蔑的一瞥。

尽管这种随时随地的自我观察有助于你了解自己在自信方面的进步,但我们仍然希望你能够更全面、更系统地观察自己。

首先必须指出的是:从自信训练出现那天起,训练者和受训者面临的最大难题之一,就是对自信程度的评估。人们发明了很多很多的评估方法,但没有一种能够真正做到全面而准确。

下面的自信问卷也不够完美,但是我们相信,在你增加对自身的了解和认识的过程中,你会发现这是一个有用的工具。

当然,评估自信的真正问题,在于自信是一个十分难以定义的概念。没有任何一种人类特征,可以让你指着说:"这就是自信!"它是一个复杂的现象,需要因人因事地具体分析。

## 自信问卷

罗伯特·E.阿尔伯蒂  马歇尔·L.埃蒙斯

下面的问题将有助于你评估自己的自信程度,要如实回答。每个问题后面有四个数字,请在最能代表你的数字上画个圈。其中有些问题,其自信的最小值是"0";另一些问题,其自信的最小值为"3"。

**注意:** "0"表示"**不**"或者"**从不**";"1"表示"**稍微**"或者"**有时**";"2"表示"**通常**"或者"**许多**";"3"表示"**几乎总是**"或者"**完全是**"。

1. 当别人待人极不公平时,你是否会提醒其注意?

   0 1 2 3

2. 你是否发现自己很难作出决定?

   0 1 2 3

3. 你能否公开批评别人的意见、观点和行为?

   0 1 2 3

4. 当有人在排队时占据了你的位置,你是否会大声抗议?

   0 1 2 3

5. 你是否经常为了避免尴尬而有意避开某个人或某种环境?

   0 1 2 3

6. 你对自己的判断通常都有信心吗?

   0 1 2 3

7. 你是否坚持要求你的配偶或室友与你公平分担家务活?

   0 1 2 3

8. 你是否容易情绪激动?

   0 1 2 3

9. 当一个推销员使劲向你兜售你并不想要的商品时，你是否很难拒绝？

0 1 2 3

10. 当一个比你来得晚的人在你之前得到服务时，你是否会提醒餐馆注意？

0 1 2 3

11. 在讨论或争辩时，你是否不愿大声说出自己的观点？

0 1 2 3

12. 如果某人借了你的钱（书籍、衣服或其他有用的东西）而迟迟不还，你是否会向他提起这件事？

0 1 2 3

13. 当别人已经讲得充分明白时，你是否还会继续争论下去？

0 1 2 3

14. 你通常表达自己的感受吗？

0 1 2 3

15. 如果有人看着你工作，你是否会感到不安？

0 1 2 3

16. 在看电影或听讲座时，如果有人一直踢碰你的椅子，你是否会阻止那个人？

0 1 2 3

17. 你是否觉得自己在与别人谈话时很难保持目光交流？

0 1 2 3

18. 在高档餐厅就餐时，若其菜品不佳或服务不周到，你是否会要求服务人员予以纠正？

0 1 2 3

19. 当你发现你购买的商品有问题时，你是否会回到商店要求调换或退货？

0 1 2 3

20. 当遭到别人辱骂或言语猥亵时，你是否会表示愤怒？

0 1 2 3

21. 在各种社会场合中，你是尽量做一个局外人还是努力成为其中的一分子？

0 1 2 3

22. 你是否会坚持让你的物业管理人员（机修工、修理工等）履行其维修、调整或者更换的责任？

0 1 2 3

23. 你是否经常插手别人的事务并为别人拿主意？

0 1 2 3

24. 你能公开表达自己的爱意或爱慕吗？

0 1 2 3

25. 你能要求你的朋友们帮你一些小忙吗？

0 1 2 3

26. 你是否总是觉得真理在你这一边？

0 1 2 3

27. 当你与某个你尊敬的人有意见分歧时，你是否能大胆提出自己的观点？

0 1 2 3

28. 你是否能够拒绝朋友的不情之请？

0 1 2 3

29. 你是否难于褒扬或赞美别人？

0 1 2 3

30. 如果有人在你旁边吸烟而影响了你，你是否会指出来？

0 1 2 3

31. 你是否会大吼大叫或强迫别人按照你的意愿行事？

0 1 2 3

32. 你会抢别人的话茬吗？

0 1 2 3

33. 你是否与别人（特别是陌生人）打过架？

　　　　　　　　　　　　　　　　　　0　1　2　3

34. 家庭聚餐时，是否总是由你控制话题？

　　　　　　　　　　　　　　　　　　0　1　2　3

35. 当你与陌生人会面时，是否由你先做自我介绍并展开话题？

　　　　　　　　　　　　　　　　　　0　1　2　3

　　对自信的全面评估，必须建立在比现有定义更为准确的定义的基础上，还必须考虑到我们正在讨论的四个要素：情境、态度、行为和障碍。仅仅通过一个简单的书面测试是很难得出准确答案的！

　　这并不意味着我们要放弃寻找自信地表达自我的方法。细致地观察自己的生活，并认清自身的优缺点，是非常有价值的。不要仅仅把所有得分加在一起，说："我得了73分，我肯定相当自信！"

　　现在，花上几分钟去做一下这份问卷吧。这份问卷就是为你设计的，所以要如实回答。完成问卷之后，要接着阅读对结果的分析，以及你可以把结果付诸生活实践的具体步骤。这份问卷不是一种"心理测试"，所以只管放松心态，享受这个简要地探究自我表达方式的过程。

　　正如我们所说的，你会发现这份问卷并不完美。有些问题并不适用于你的生活，你可能会作出这样的反应："这是什么意思？"或者"这得依具体情况而定。"别让你对问卷的批评妨碍了你。如果你花时间如实回答，这份问卷就会成为你增强自信的有效工具。

　　当你完成了这份问卷的时候，你可能很想统计自己的总分。千万别这么做！一个"总分"真的没有什么意义，因为并不存在自信的总体特征。正如你的人生必须由你去体验一样，"什么是自信"这个问题的答案也是因人因情境而异的。

# 分析你的问卷结果

我们建议你按照以下步骤对你的结果作一番分析：

❈ 审视你自己生活中的那些涉及特定人或人群的个别事件，并相应地思考你的长处和短处。

❈ 查看你对问题1、2、4、5、6、7、9、10、11、12、14、15、16、17、18、19、21、22、24、25、27、28、30和35的回答。这些问题是针对不自信行为而设定的。你对这些问题的回答，是否揭示出你很少维护自己的权利？或者，也许其中一些特定情境在现实生活中给你带来了麻烦？

❈ 查看你对问题3、8、13、20、23、26、29、31、32、33和34的回答。这些问题是针对攻击行为而设定的。你对这些问题的回答，是否表明你还没意识到自己在摆布别人？

大多数人完成以上三步后，都会相信，生活中的自信是依具体情境而定的。没有人始终都不自信，也没有人始终都是攻击性的，也没有人始终都是自信的！每一个人都会在不同的时间，根据具体的情境而分别采取这三种不同的行为方式。你的典型行为方式有可能偏重于某一类型。你可以据此发现自身的弱点，从而开始改变自己。

❈ 重读一遍问卷，在你的日志中记下你对每一项的想法。（哎呀，我们还没有谈到过日志，是吗？别着急，这正是下一章的主题。）例如：

> **问题1**：当别人待人极不公平时，你是否会提醒其注意？
> **选项**：0
> **你的想法**：要是我说了什么，恐怕对方会非常生气。或许我会失去一个朋友，也可能那个人会对我大喊大叫。这会令我感到十分不安。

❖ 回顾你从前面的步骤中获得的全部信息，并开始得出一些总体结论。请具体关注以下四个方面的信息：

◎ 什么情境会让你陷入麻烦？哪一种情境你能轻松地处理？

◎ 你生活中的其他人是否让你变得特别难以自信？

◎ 你对自己的自我表达持有什么态度？是否总是自我感觉"良好"？

◎ 你在自信方面存在什么障碍？你是否害怕后果？在你的生活中，是不是别人使你很难自信起来？

◎ 你的行为技能是否能够胜任这件事？必要时你能否表达自如？

认真检查以上四个方面，然后在日志中记下自己的看法，并总结自我观察的结果。

现在，花些时间从这些方面想一想你的自我表达方式，将有助于你进一步认清自己的需要，设定自己的目标（关于目标的设定将在第7章中详细讨论），确定从现在开始更加自信的努力方向。

在下一章，我们将帮你建立一个个人日志，以便你在个人成长的整个过程中把"成长历程"记录下来。

# 第3章

# 记录你的成长过程

> 我生在何处、在哪儿以及怎么生活的并不重要。重要的是，在曾经驻足的地方，我做了些什么。
>
> ——乔治亚·奥基佛[①]

现在，我们希望你以建立个人成长日志为起点，开始你实现更有效地表达自我的征程。日志并没有什么玄机，它不过是在你迈向更加自信的旅途中，记下自己的生活过程的一种简单方法。

一份记录自信的日志，将会帮助你随着时间的推移评判自己的进步。几周之后，你就会发现它提供了关于你自信成长的大量信息。我们强烈建议你准备一本专用笔记本或便签本或文件夹，或者其他什么东西，这样就能把自己的想法、观察、感受以及进程记录下来。

日志所记录的内容可以包括自我检查、读书笔记、各种目标，以及任何你想记录的东西。日志中至少要留出一些空间，用来记录生活中与自信有关的五个因素：具体情境；生活中的人物；自己的态度、想法和信念；你的行为；自我表达的障碍。

如果你能够坚持记日志，它就会成为你成长过程中一个非常重要的工具——不仅可以记录你的成长历程，还可以作为一台"发动机"不断促使你进步。

当你在生活中有了一些具体的变化时，你可能会下决心更全

---

[①] 乔治亚·奥基佛（Georgia O'Keeffe，1887—1986），美国20世纪重要的女画家。——译者注

面地记日志。下面的意见可能会对此有所帮助。

你可能希望重温第2章的自信问卷。哪种情境或哪种人你能游刃有余地应对，哪种仍然让你感到棘手？在日志中记下你的答案。对生活中各种类型的情境或人都要格外用心。例如，你是否在面对陌生人时比面对熟人时更加自信，或者相反？你是不是能随时维护自己的权利，但在表达自己的爱意时却遭遇失败？你的表现是否会因对方的年龄、性别、角色（例如权威）而有差别？

❋ 对态度作出准确衡量是非常困难的，客观地衡量自己的态度会更加困难。不过，我们仍然鼓励你把自己对自信行为权利的感受在日志中记下来。想一想第1章定义自信行为时所列举的各种不同情境和人物，以及第2章自信问卷中所描述的情境。比如，在受到上司或老师批评时，你是否觉得应该作出回应？

❋ 评价自己的行为并不难，但可能需要花更多的时间。在第6章中，我们将详细描述任何自信行为都包含的几个行为成分。如果你在一段时间内（以一周或一周以上为宜）对自己的行为进行细致观察，并定期把观察结果记到日志中，你将会对自己的目光交流、面部表情、身体姿势和其他沟通方式的效能有一个更好的了解。对那些你认为能有效地维护自己的权利的人进行观察，并在日志中记下他们的行为特征，将是一件十分有益的事。

❋ 对你来说，把自信行为的障碍记录下来可能最容易做到。大部分人都希望自己自信地行动，但有许多障碍似乎使自信变得很困难。常见的内在障碍可分为两类：

- 焦虑——害怕可能的后果（别人可能会不喜欢我，或者会打击我，或者会觉得我疯了；也许我是在愚弄自己；或者也许我得不到我想要的东西；或者也许我就是感到焦虑！）
- 缺乏技巧（我不知道怎么与女孩子交往；我不知道如何表达自己的政治观点；我从来没学会如何表达自己的感情。）

## 日志格式样本

个人成长日志　　　　　　　　　　年　　月　　日

情境

人物

态度/想法/信念

行为

障碍

备注（进步/问题/评价/目标）

也许，最大的外在障碍是你生活中的其他人。（父母、朋友、恋人、室友，或者其他有意阻碍你改变的人，即使他们相信自己希望你更加自信。）

在日志中将那些你认为会使你更加难以自信的障碍记录下来。

## 让日志为你服务

如果你肯花时间和精力坚持记日志，同时学习更多关于自信的知识，不断地进行仔细而全面的自我评价，你将会发现，这样做的结果可以帮助你明确为了增进自信需要具体做些什么。当然，你可以随时随地选择是否继续这个个人成长的方案，以及往哪个方向去努力。无论如何，选择都是自信的关键要素！

大约每周认真检查一次日志中的内容：情境、态度、行为、障碍和备注，找出其中的规律。记住，既要评估自身的弱点，也要评估自己的长处。

最初一两周的日志内容可以很好地展现你当前的行为方式，并为你设立目标奠定基础。尽管我们还没有提供一个设立目标（将在第7章中谈及）的系统方法，但我们鼓励你继续思考自己增强自信的希望在哪里，并在日志中记下来。

你的日志可能显示出你在面对权威人士时犯怵——你不相信自己有权利跟他们大声说话，你不能与他们进行目光交流，在他们身边你会感到十分不安。你可以通过本书介绍的循序渐进的方法，逐个解决这些问题。

改变长期性的攻击行为、不自信行为和其他行为是困难的。你的日志将是你改变自我的过程中的重要财富。当你了解了自己的行为方式，你就可以慎重地作出选择，并向自己的目标迈进。当你在自信方面的艰辛努力有了回报——"嘿，还真管用！"——你就会发现自信的选择将变得越来越容易。

今天，就从记录你阅读本书的感受开始你的日志吧。在阅读本书的整个过程中，要坚持记日志，并详细记录你在生活中是如何运用这些观念的。你的日志将为你提供一系列"标准"，这样你就可以看到自己的成长。它将有助于激励你不断进步，也将提醒你记住自己真正走了多远——尤其是在你认为自己毫无成就的时候，它会特别有价值！看一看日志可以使你确信自己正在进步，尽管有些缓慢。

你的日志将帮助你更系统地培养自信，而这可能会产生大不相同的结果！

随着你对自己有新的认识，你可能会发现自己在我们前面讨论的某些行为方面存在着复杂而严重的缺陷。在这种情况下，你可能需要一些专业性的帮助来达到自己的目标。尤其是当你对自信感到严重焦虑的时候，我们建议你去联系有资质的咨询专家、心理学家、精神科医生或其他临床医生。你当地的社区心理健康中心或大学（学院）的咨询服务中心可以帮你向专业人士求助。

## 第2部分
# 什么是自信

# 第4章

# 谁的绝对权利

人与人之间，正如国与国之间一样，互相尊重对方的权利才能确保和平。

——贝尼托·胡亚雷斯[1]

在我们这个社会，我们似乎已经达到了言论的高度开放和自由。这也许并非全是好处：有些人把"自信"当作各种不文明行为的借口——曲解这一概念，似乎"自信"成了他们无礼、粗暴驾驶和粗野的"通行证"。幸运的是，这不是普遍的法则。然而，我有时在想，尽管我们尽最大努力去传授一种尊重他人的自我表达方式，但我们可能"制造了一个怪物"。

——罗伯特·E.阿尔伯蒂[2]

心理治疗专家、作家霍华德·罗森泰尔（Howard Rosenthal）在2006年版的《最佳心理治疗》（*Therapy Best*）一书的出版见面会上，问了罗伯特·E.阿尔伯蒂这样一个问题："从你的书第一版面世至今，人们变得更自信了吗？"罗伯特的回答——我们在上面引述的话——为本章开始讨论在一个自信的社会里我们如何相处提供了一个很好的开场白。我们传授"一种尊重他人的自我表达方式"是否取得了成功呢？

---

[1] 贝尼托·胡亚雷斯（Benito Juarez，1806—1872），曾任墨西哥总统。——译者注

[2] 罗伯特·E.阿尔伯蒂，本书作者之一。——译者注

到目前为止，我们一直在研究更加有效的自我表达可能意味着什么。现在，让我们从一个更大的社会背景来看看自信行为方式。

我们相信并长期倡导这样一个理念："每个人都享有与他人一样的基本人权，无论其性别、年龄、种族、角色或头衔。"这是一个值得我们深思的理念。如果这个人权平等的理念对你来说还不够理想，那么还有一条："平等是自信人生的基础。"我们希望看到所有人在不侵犯他人权利的基础上，行使自身的权利。

联合国大会在1948年通过了《世界人权宣言》，就人际关系的目标作出了极好的阐述。

当然，这份宣言有点理想主义，我们怀疑当今世界没有任何国家能够全部履行这些条款。尽管如此，我们还是竭力主张你依照这些原则去尊重每个人的权利——包括你自己！

21世纪，全世界在以这些价值观念为基础的社会发展方面都取得了进步。不管是个人还是团体，都能够大胆发表言论，一些令人无法容忍的社会环境已经改变。从最亲密的爱人到最疏远的邻居、同事，各种人际关系都已经开始体现出对双方平等权利的更多尊重。自信训练已经在那些需要改变的人身上产生了效果。我们很自豪地承认，从1970年首版至今，本书已经被翻译成20多种语言，并对这一社会进步作出了贡献。

对个人的人权保持一种开明的态度，能够帮助我们平衡因与别人竞争而产生的压力。毕竟，我们同属于人类，都是这个小小星球上的公民，在诸多方面要相互依靠。为了共同生存下去，我们需要相互支持和理解。

## 有人高人一等吗

不幸的是，社会经常按不同的尺度来衡量人，认为某些人比其他人更重要。下面是一些关于人的价值的流行观点，你赞成哪一个？

| 价值较高 | 价值较低 |
| --- | --- |
| 成年人 | 儿童 |
| 老板 | 雇员 |
| 男人 | 女人 |
| 白种人 | 有色人种 |
| 医生 | 水管工 |
| 教师 | 学生 |
| 政治家 | 选民 |
| 将军 | 士兵 |
| 胜利者 | 失败者 |
| 美国人 | "外国人" |
| 有钱人 | 穷人 |

这个单子可以一直列下去。很多社会团体倾向于永久延续这些荒谬的观念，允许那些人被如此对待，就好像他们是缺乏价值的人。然而，令人欣喜的是，很多人正在寻求平等地表达自我的途径。

## 21世纪的自信女性

本书最初几版出版的那段时间，正是广为人知的"妇女解放运动"风起云涌的时候。如今我们不再经常听到这个词了，但个性解放——做自由的自己——这一概念并没有从我们的生活中消失。

一个自信、独立、善于表达自我的女性已经开始得到社会、男性和其他女性的认同。她能够选择自己的生活方式，不受传统、政府、丈夫、孩子、社会团体和上司的支配。她可以选择做一个家庭主妇，而无须担心会受到那些在外工作的家庭成员的胁迫。或者她可以选择从事一个男性主导的职业，并且享受自己的权利和能力所带来的自信。斯坦利·菲尔普斯（Stanley Phelps）和南希·奥斯丁（Nancy Austin）在其杰作《自信的女性》（*The Assertive Woman*）一书中，描述了四类"我们都了解的女性"的几种行为风格，分别是桃瑞丝·逆来顺受、阿加莎·攻击性、艾丽斯·不坦率和埃普丽尔·自信，单从这几个名字看，她们的个性就不言自明了。但是，通过分别描述这几种行为风格，菲尔普斯和奥斯丁使我们对过去贬低女性自信的社会习俗有了更清晰的认识。阿加莎为所欲为，然而她没有多少朋友。虚伪的艾丽斯得到了大多数自己想要的东西，并且她的那些"受害者"有时甚至从来不知道自己受害。桃瑞丝虽然在大多数时候都压抑自己的欲望，然而却曾经被男性和权威机构称赞为"一个好女人"。埃普丽尔的真诚和坦率却让她在家里、在学校、在工作中，甚至与其他女人在一起时，都遇到了麻烦。

在性关系中，一个自信的女性可以从容采取主动，并要求她想要的东西（从而将其伴侣从必须采取主动的角色中解放出来）。她和她的伴侣可以平等地表达亲昵行为。

她可以坚决地说"不"——并说到做到——不管是别人的求助，还是她不想要的性要求，或者家庭成员希望她的"家务全包"。

作为一个消费者，她可以拒绝接受假冒伪劣商品、差劲的服务或者商品推销，并让商场满足她的要求。

诸多因素帮助女性获得了对她们个人权利的迟到很久的认同。如今盛行的针对女性的自信训练，包括管理和其他领域的各种专题研讨活动，也已成为了一个有效的因素。各种不同社会观念、种族、社会经济背景，以及不同教育和职业经历的女性——家庭主妇、建筑工人、高级管理人员——在自信表达方面都取得了重要的收获。结果，那种认定妇女应该"顺从、可爱、谦恭"的旧"理想"不复存在了。

今天的自信女性是那种展示出我们在本书中始终提倡的品质的人；而且她爱自己——也为人所爱——因而更美好！

而且，大多数这类变化也得到了全世界的认同。本书和《自信的女性》一书已经在中国、德国、印度、以色列、日本、波兰和其他很多国家翻译出版。据新闻报道,即使在女性仍然受到严苛的文化和法律束缚的某些国家,某些领域的女性也正在逐渐获得个人或政治权利上的平等。

## 男性同样需要自信

想象一下下面的情景:约翰今天太疲惫了。他擦窗子,拖地板,洗完三大堆衣服,跟在孩子们后面不停地收拾。现在,他正在厨房里忙着准备晚饭。孩子们跑进跑出,把门弄得嘭嘭响,尖叫,把玩具扔得到处都是。

就在一片混乱当中,玛丽结束一天同样疲惫的办公室工作,回到了家里。经过厨房的时候,她随口说了一句"我回来了!"就走进起居室,把公文包随手一扔,蹬掉鞋子,一下子躺在电视机前面她最钟爱的那把椅子上,叫道:"约翰,给我拿杯啤酒!今天可真够受的!"

上面这一幕很滑稽,部分是因为它与文化传统背道而驰。那么,约翰是不是也应该上班挣钱而不是待在家里呢?难道男人不是天经地义就应该代表家庭外出征服世界吗?去展示他的男子汉气概、力量和勇气吗?

长期以来,我们将这种陈规陋习视为理所当然:男人是"英勇的猎人",必须保护和养活他的家庭。事实上,从孩提时代起,原来人们公认的男性角色就鼓励自信——并且通常是攻击性——的行为,去追求这一"理想"。竞争、成就和勇夺第一是在男孩的家庭养育和正规教育中不可缺少的部分,而对他们的姐妹则没有这样的要求。男性被这样对待,好像他们天生就是强壮、主动、果断、权威、冷静和理性的。

20世纪末期,越来越多的男性开始认识到,他们为人际交往所作的准备还远远不够。在过去,男性只局限于两种选择——强大、专制的攻击者或懦弱的软蛋——大多数人发现这两种选择都不是特别令人满意。自信则为他们提供了一种有效的选择，新一代的男性拒绝攻击的、向上爬的、"成功"的旧模式，而赞同一种更平衡的角色和生活方式。

心理学上的"男性"概念已经转向承认男性也富有同情心和善于养育的一面。男人已经认识到，他们可以通过自信的——而不是攻击性的——方式去实现自己的人生目标。一个能干、可靠、自信的男人更容易获得事业上的成功。

我们见证了社会对男人的定义的显著变化。这个新兴的定义看上去非常像我们几十年以来一直提倡的"自信者"的概念：坚定但不激进，自信但不傲慢，有独立的主张但不拒绝与人平等交往，开放而坦率但不独断专行。

当然，"传统的"男性活动仍然体现着老套的方式，但越来越多的男性正在远离体育队、成年人"兄弟会"和社区服务俱乐部，转而组成个人成长与意识提升的团体（就好像他们的妻子、姐妹、母亲数十年前成立的团体一样）。尽管"男性间的亲密关系"仍然是时下喜剧演员的例行笑料或者情景喜剧的元素，但对数以万计正在寻求比每周在"老男孩俱乐部"过分亲密地吃上一顿午餐更有意义的生活的男人来说，这种亲密关系却已不再是一个笑话。

我们钦佩那些开始向自己和别人（尽管到目前为止还没有向女人）承认自己的需要和愿望、坚强和脆弱、焦虑和内疚，以及内部和外部压力的男人。

自信的男人在与自己生活中重要的人交往时，会受到高度尊重。如果一个男人对自己感到满意，不必为抬高自己而去贬低别人，那么他的家人和朋友就会更乐于亲近他，也更尊重他。在亲密的私人关系中，真诚的自信是无价之宝。自信的男人重视这种亲密关系，并不断取得经济成功这样的传统回报。

研究人员经过长期对大量男性进行的研究指出：很多在二三十岁期间以攻击行为作为生活方式的男性发现，他们由此所获得的成就在他们以后的生涯中并无多大的意义。亲密的私人关系、家庭亲情、可以信赖的友谊的价值——都由自信、开放和诚实所培养——则是长久和重要的。

## 生活在一个多种文化的多元世界

本书所讲的自信训练的方法，其精髓永远是平等。本书的目标是促进彼此平等的人之间更好地沟通，而不是帮助一个人变得比别人更高等，或踩着别人往上爬。开放、诚实的交流——互利的、合作的、坚定的——能够实现我们渴望的由平等所产生的结果：每个人都有相同的权利。

然而，随着当今世界变得越来越小，这个目标可能会比以前更具挑战性。全球经济、政治和个人的改变，使人们更了解并更直接地接触不同文化背景的人。我们很多人每天坐在家里，就可以看到这个世界正在比以前更大程度地变成一个多元文化的"搅拌器"。看见不同的面孔，听到不同的语言，遇到不同的生活方式，这让人感到兴奋和新奇。

有时候，这也可能会令人不舒服。

在本书这次修订时所处的时期，人们对这些差异的恐惧是非常普遍的。恐怖主义似乎是一种始终存在的威胁，尽管其悲剧性后果所影响的人比美国"每天"发生的凶杀案要少得多。随着大大小小的国家的独裁者和专制者在争夺国际权力和影响力的斗争中不择手段地谋取有利地位，全球局势都高度紧张。各种极端分子将最新的技术运用于他们追求破坏和平、动摇大众的狂热。不幸的是，我们的政客们在利用这些恐惧，因为他们知道这样的策略将为他们赢得选票。

尽管变化已经远远超出了我们的想象，但没有任何国家有美国这样的文化多样性。我们的家乡加利福尼亚州处于不同文化汇聚地的最前沿，但并不是唯一的前沿。事实上，目前在加利福尼亚、夏威夷、新墨西哥和得克萨斯，英裔美国人已经成为少数民族了。

在这几个州中，一半以上的人口是有色人种，包括西班牙裔、拉丁裔、非洲裔、亚裔和美洲土著人，以及其他种族的人。在公立学校——大社会的一个缩影——英语老师把英语作为第二语言教给数十种不同文化背景的孩子。据报道，在洛杉矶一所学校里，有22种不同的语言被同时使用！

正如加利福尼亚州多种族人口在不断增长一样，整个美国的人口结构也在发生类似的变化。

我们能生活在一起吗？我们能彼此尊重吗？或者我们是不是正面临着"新移民"、"外国人"和与我们"不同"的人的到来的威胁？

保护人权，平等相待，尊重他人，而不论其种族或个性：我们越是认识、理解和接受对方——包括那些"不同"的人——我们作为个体就越强大（一个国家和社会也是这样）。

## 不同在哪里

在想到其他文化的时候，人们通常会认为"来自相同文化背景的人的行为方式也是相同的"。加利福尼亚大学洛杉矶分校的史蒂文·洛佩兹（Steven Lopez）教授则认为：长期以来，"理解"其他背景的人，就意味着把整个文化群体混为一体，而忽略了个体。这种刻板的做法制造了各种障碍，而不是消除了障碍。

就像我们一样，你也随时都能听到关于其他文化的各种陈词滥调。下面的一些就是：在某些文化中，如果一个女人向一个陌生男人微笑，那么这就是性暗示；非洲裔美国男性在谈话时不喜欢使用目光交流；在墨西哥裔美国人的文化中，男人是一家之主；沙特阿拉伯人在交谈时彼此站得非常近，并且很少使用他们的右手；在某些文化中，亲人的死亡是一件快乐的事情。

来自某一文化背景的所有人（或者所有女人，或者所有青少年）能够有同样的信仰，或者同样的行为方式吗？当然不能。这种刻板的假设既错误又危险。如果我们假定来自同一群体的人们有着完全相同的行为方式和完全相同的信仰，我们就有麻烦了。

这种理解与"人就是人，不管来自什么群体，从本质上讲我们作为人都是相同的"的想法，同样都是错误和危险的。文化背景、性别和年龄是至关重要的，要想了解一个人，就需要承认这些重要特征——并且要把他或她当作一个个体来对待。

## 背景与自信有什么关系

随着你开始掌握越来越多的自信技巧，在与不同背景的人打交道时，你应该如何运用这些技巧呢？首先，要尊重每一个人；其次，要了解你所遇到的人的背景知识；第三，如果你觉得某个人的行为方式不正常，例如站得离人太近、避免目光交流、过于羞涩或冒失，你要检查一下原因。你可以这样说："要是你站得离我太近，我会感到有点不舒服。我想我是不习惯这样。"

要记住，每个人都是独特的，都是年龄、性别、基因、文化、信仰以及个人生活经历的复杂综合体。每一个意大利人或爱尔兰人或越南人或墨西哥人都是不一样的，但是每个种群中的成员又有许多的共同点。每一个少年或老人或学龄前儿童都是不同的，但是，了解一个人群的需求和特征，将有助于你与其中的个体打交道。所有的职业女性或中年男性或三十多岁的人都是不一样的，但是他们也有一些相似之处，当你想了解这类人中的某个人时，了解一下这些相似之处就会很重要。

总而言之，当你试图了解来自其他文化或背景的人们时，要从个体开始。不要低估文化或群体行为的特殊性，也不可高估人类行为的普遍性。在交往中若对对方感到困惑，要首先表示你的尊重，再问问题，然后仔细倾听，倾听，再倾听。

## 社会经常阻碍自信

尽管社会在某些方面取得了重大的进步，但社会对恰当的自信行为的褒扬仍然是有限的。个人的自信、表达自我时不感到恐惧和内疚的权利、表达不同观点的权利以及每个人独特的贡献，都需要得到社会的进一步认同。恰当的自信行为与有害的攻击行为经常被人们混淆，我们再怎么强调两者之间区别的重要性都不会过分。（更多的相关内容将在下一章讨论。）

在家中、学校、工作单位、教会、政治机构以及其他地方，自信经常会受到微妙的或不那么微妙的阻碍。

在家里，决心争取自身权利的孩子通常会立刻受到责备："不许跟妈妈（爸爸）这样说话！""小孩子只许看，不许说话！""不许不礼貌！""别再让我听见你这样说话！"显然，这种常见的父母式的命令对孩子建立自信是十分无益的。

在学校，老师们通常抑制学生的自信。安静、表现好、不怀疑权威的学生会受到表扬，而那些有点"违反制度"的学生就要严加管教。教育学家认为，孩子们自发的求知欲望最多可以保持到四五年级，而后就被遵守学校的方法所代替了。

这种教育的结果也影响了人们在职场的表现，而职场本身通常也强化了这种倾向。在工作中，员工通常认为最好别做改变现状的事或说改变现状的话。老板操控着一切，其他人只要按部就班地干活就是了——即使他们认为这样的要求非常不合适。早期的工作经验告诉他们，那些大胆直言的人都不太可能得到晋升或认可，甚至还会为此丢掉饭碗。你很快就学会了明哲保身：不惹是生非，让事情顺利进行，别有什么自己的想法，并要小心行事，以免别人向老板打你的小报告。

幸运的是，最近几年情况有所变化，员工的权利得到更多的尊重，员工与老板之间的权利更加平衡。如今在高科技企业中充满了学术气氛。低失业率要求雇主接纳各种不同才能的员工。很多人像独立承包人或者远程办公者那样，几乎一生的工作都在家里进行。在很多工作环境中，员工不再害怕大胆提出自己对工作的看法。但是，那些"揭发者"——公开指出在工作场所中发生的不公平、不道德或非法行为的人——经常会遭到疏远和指责，尽管依照法律他们应当受到保护。仍然有很多事情造成的后果向人们表明，在工作场所最好不要自信！

很多宗教的教义都认为，在某种意义上说，自信行为与宗教信仰是相悖的。诸如谦卑、克己、自我牺牲等品质会受到鼓励，而维护自身权利的品质则会被排斥。有一种错误的观点认为，在某些神秘的层面上，宗教理念必定是与保持自我感觉良好，以及在交往过程中保持平和、自信是相互冲突的。恰恰相反，自信不但与主流宗教的教义是一致的，还可以使你摆脱那些违背自己利益的行为，从而更好地为自己和他人服务。

政治机构也许不像家庭、学校、工作单位和教会那样，在个人自信行为的早期发展阶段便开始产生影响，但是，他们很少鼓励人们的自信表达。如今，公众在很大程度上仍然很难参与政治决策。但是，"吱吱叫的轮子有油加，会吵的孩子有糖吃"这句话仍然是至理名言，当个体——特别是当他们集合成团体之后——变得善于表达时，政府通常就会对其作出反应。当然，自"9·11"事件以来，政府对公民自由的限制（比如美国爱国者法案）已经使个人——甚至团体——在表达对政府政策的不同意见时，要冒更大风险了，即使在"言论自由"的美国！

我们欣慰地看到各种自信的平民游说团体的成长和成功。少数族裔、无家可归者、儿童权益、同性恋者权益和其他权利运动，都是自信发挥作用的有力证据。对于发挥自信的作用来说，也许最重要的舞台就是去克服"这有什么用？我根本没法改变"这种心理，而这种心理有可能渗透到个人政治行动的领域。

当然，遗憾的是，社会机构的改变很缓慢。学院和大学、政府、政治机构和跨国公司通常抵制变革，除非形势变得很严峻：一些民众认为要达到目标，就有必要采取攻击行动。他们可能走上街头，举行暴力示威，破坏公共财物，甚至为了表明自己的立场而伤害他人。然而，这些机构往往固守自己的立场，反对暴力变革，但极有可能积极回应坚持不懈的自信行为。

那些被家庭、学校和社会精心教导不要大胆直言或争取合理权益的人，在他们站出来公开表明自己意见的时候，可能会觉得无权表达自我或者感到极度焦虑。我们期待着那一天的到来，那时家庭、学校、企业、教会和政府都鼓励个人自信、不再限制自我实现的行为。当那些受挫的个人和团体在寻求变革的过程中，能够主动选择培养自信的行为时，我们将欣喜不已。

毕竟，每个人都有权做他自己，有权表达自我，并且在这样做的时候感到愉悦（而不是无权或内疚），只要在这个过程中我们没有伤害到其他人。

# 第 5 章

# 自信意味着什么

在处理人际关系时，有三种可能的主要方法。第一种是，只考虑自己，并欺凌别人；第二种是，处处先人后己；第三种方法是黄金准则：个人把自己放在首位，但同时考虑到别人。

——约瑟夫·沃尔普[1]

有这么一群人，他们收获地里那些没人要的水果和蔬菜，并把它们送给那些缺少这些东西的人。他们就是加利福尼亚北部的"老年拾穗者"。该组织完全由达到退休年龄的志愿者组成，有1100多名成员，他们来自美国各地，通过名为"第二次收获"的美国食品银行网络松散地组织在一起。1976年，萨克拉门托退休工程师霍默·法赫尔纳在自家车库里发起这一运动，最初聚集了30名志愿者。心理学家、作家比尔·博科维兹在为其著作《本地英雄》撰写一篇特写时，采访了法赫尔纳。博科维兹问道：这个组织最初成功的关键是什么？法赫尔纳热情洋溢地答道："首先是坦诚地劝说。当庄稼成熟以后，走出去，找到你要找的人，并坚持不懈地劝说他们加入我们的组织。因为每个拒绝你的人可能都会有一个充分的理由，所以要坚持、坚持、坚持。"

霍默·法赫尔纳的劝告可以作为本书的一个口头禅："坚持、坚持、坚持。"坚持不懈可能是你在这个过程中能够学到的最重要的东西。

---

[1] 约瑟夫·沃尔普（Jeseph Wolpe，1915—1997），美国行为治疗心理学家。——译者注

但是，等一下！坚持不懈的确重要，而且我们建议你将其收入"自信百宝箱"中，但它远远不是自信的全部内容。让我们一起回顾一下我们在第一章给自信下的定义吧：

> 自信的自我表达是一种直接、坚定、积极的——必要时需要坚持——意在促进人际关系平等的行为。自信使我们能够按照自己的最佳利益行事，维护自己的权利而不过度焦虑，行使自己的权利而不践踏他人的权利，并真诚、自在地表达自己的感受（例如，喜爱、爱情、友谊、失望、烦恼、愤怒、后悔、悲伤）。

让我们更详尽地讨论一下这些要素：

直接、坚定、积极、坚持，意思是说要自然、直接地向相关的人表达你的想法和感受，要足够坚定地说清楚你的观点，要坚持，足以让他人认识到你对所谈之事的重视程度。

促进人际关系平等，意思是说把人际关系的双方均置于平等的地位，给予地位低下的人以个人权利来恢复力量的平衡，从而使每个人都能获得个人权利而没有人失去权利。

按照自己的最佳利益行事，是指在职业、人际关系、生活方式以及时间等方面自己做主的能力，能够主动提出话题和组织活动，相信自己的判断，设定目标并努力实现目标，向他人寻求帮助，参与社会活动。

维护自己的利益，包括诸如下面这样一些行为：说"不"，对批评、羞辱或愤怒予以回应，表达或支持或反对某一观点。

行使自己的权利与作为一个公民、消费者、组织或学校或工作团队的成员、公共事务的参与者表达自己的观点、寻求变革、对侵犯自身或其他人权益的行为作出反应的能力有关。

不践踏他人的权利，是指在进行上述个人表达时，不对别人进行不公平的批评、伤害、咒骂、威胁、操纵和控制。

真实、自在地表达自己的感受，意思是能够自然地反对、显示愤怒、表现自己的喜爱和友谊、承认害怕和焦虑、表达同意与支持——而很少或没有痛苦的焦虑。

将自信的这些要素再组合起来，你就可以看出自信行为其实是生活中一种积极的自我肯定，并且尊重别人的行为。它既可以提高你的个人生活满意度，又能提高你的人际关系的质量。

研究表明，在自我表达方面取得进步的直接好处是：增进自尊，减少焦虑，克服沮丧，得到别人更多的尊重，实现更多的生活目标，增强自我了解，提高与别人有效沟通的能力。当然，我们不能向你许诺任何特定的结果，但好处的证据是令人难忘的。

## 自信行为、不自信行为和攻击行为

今天，我们能得到大量关于恰当行为的五花八门的信息。在生活中的很多方面，受推崇的行为和有报偿的行为之间存在着明显的冲突。理想地说，我们每个人都应该尊重他人的权利。并且，政治领导人也在不断强调这一理念。但是，真实的世界又是怎样的呢？我们的父母、老师、企业、政府和其他机构时常都是说一套做一套，他们的行为与这些价值观相违背。机智、善于交际、礼貌、举止高雅、谦虚、端庄以及克己等都是我们普遍赞赏的，而事实上，为了自己的成功，人们似乎更倾向于践踏别人。

比如，在竞技体育中，运动员被鼓励要富有进攻精神，甚或不惜犯规。因为"赢才是最重要的"，不是吗？"你怎么打这场比赛并不重要，打赢才是重要的！"

那么，如何面对这些混杂的信息呢？我们相信你能够作出自己的选择。如果你"礼貌约束"的反应过于强烈，你可能就不能如愿地表达自己的想法。如果你的攻击性反应发展过度，你就可能会通过伤害别人来实现自己的目标。如果你能培养出自信的反应，在面对你以前不自信地或攻击性地处理的各种情境时，你就可以做到自主选择和自我控制。

在本书50多年来发行的九版中，最受欢迎、最经常被复制的是下页的简表——自信行为、不自信行为、攻击行为对照表（4-1）。这个表展示了上述三类行为方式的人（发送者）的不同感受和典型结果，以帮助我们澄清它们各自的概念。同时，这张表也向我们展示了那些受这三种行为影响的人（接受者）的感受。

正如这张表所示，一个不自信的反应意味着发送者拒绝自我表达，并且压抑自己感受的表露。不自信的人因为让别人替自己选择而经常感到受伤和焦虑，他们很少能实现自己渴望的目标。

渴望自我表达而采取极端攻击行为的人，以牺牲别人的利益为代价来实现自己的目标。尽管他们的感受在这种情况下经常能得到自我强化和表达，但由于他们替别人选择和贬损了别人的价值，他们的攻击行为会伤害别人。

攻击行为通常会羞辱接受者。由于权利被否定，接受者会感到受伤、抵触和羞辱。当然，在这种情况下，接受者的目标就无法实现了。攻击行为可能实现发送者的目标，但却造成了别人的痛苦和挫折，随后可能会遭到报复。

也有一些自信训练专家喜欢在上述行为方式的基础上，增加第四种方式——非直接攻击行为。他们认为，很多攻击行为实际上是一种消极的、非对抗性的行为。有时候，这种行为是秘密进行的；有时候它们戴着伪装的面具，看上去微笑、友善、和蔼，却隐藏着卑鄙的或破坏性的行动。我们把这种行为方式当作是攻击性行为的一种形式，为简明起见，对其不再作单独的讨论。

在同样的情境下，恰当的自信行为将会使发送者得到自我强化，如实地表达自身的感受，并且通常能够实现自身的目标。当你自主选择自己的行为方式时，伴随你的自信行为的是一种美好的感觉，即使在你达不到目标时也是如此。

当我们从接受者的角度来看待以上三种行为所产生的结果时，我们就可以看到一种相应的模式：不自信行为会使接受者对发

**表 4-1 自信行为、不自信行为、攻击行为对照表**

| 不自信行为 | 攻击行为 | 自信行为 |
|---|---|---|
| 发送者 | 发送者 | 发送者 |
| 自我否定 | 损人利己 | 自我强化 |
| 受抑制 | 富于表现 | 富于表现 |
| 受伤感、焦虑 | 控制别人 | 对自己很满意 |
| 允许别人替自己选择 | 为别人选择 | 为自己选择 |
| 实现不了渴望的目的 | 通过伤害别人来实现渴望的目标 | 能实现渴望的目标 |
| 接受者 | 接受者 | 接受者 |
| 内疚或恼怒 | 自我否定 | 自我提高 |
| 轻视发送者 | 受伤感、自卫、羞辱 | 富于表现 |
| 以牺牲发送者的利益为代价实现自身渴望的目标 | 实现不了渴望的目标 | 能实现渴望的目标 |

送者产生同情、困惑和彻底的轻视。同时，接受者会因自己目标的实现是以牺牲发送者的利益为代价的而感到内疚或愤怒。攻击行为的接受者通常会感到受伤、羞辱，产生戒备心理，甚至会以攻击行为挥戈相向。相反，自信行为可以增强双方的自我价值感，允许双方都充分地自我表达和实现自己的目标。

总之，很明显，不自信行为中的自我否定会让发送者受到伤害；攻击性行为则会伤害接受者（也可能伤害双方）。在自信行为中，双方都不会受到伤害，而且可能会共赢。第6章中列举的一些不同情境的例子，会帮助我们更好地区别这几种行为。

需要特别强调的是，自信行为是因人因事而异的，而不是一成不变的。什么是自信行为，要取决于所涉及的人和所处环境的情形。尽管我们相信，就大多数人和环境而言，本书中所下的定义和所举的例子都是现实的、恰当的，但仍需要考虑个体差异。例如，不同的文化背景和种族背景就可能形成不同的个人环境，从而改变自信行为的"恰当"性。

## 自信与个人边界

当今，有很多关于"边界"的讨论。个人边界这一概念直观地描述了一个人能够允许别人与他接近到何种程度。这种接近包括身体上、情感上、性关系上、智力上和精神上的接近。

你的"自我感"为自我边界的建立奠定了基础。自我意识强的人可能看上去具有一个稳固的边界：一个虚拟的幻想世界，在其中他可以自由地走动，与别人保持一个安全的距离。但我们并不这样认为，在我们看来，强烈的自我意识将使你允许别人靠近你，因为你有自我安全感。自我不安全感——自我意识弱——则可能使你与别人保持距离，以免别人靠近对你构成威胁。

自我边界与自信之间的关系很密切，但未必很简单。自信的自我表达可以使你与别人交流你的个人边界："你只能靠这么近啦。""别碰我。""你离我太近了，请退远点儿。"但是，自信并不仅仅意味着在人际关系中要设定边界或保持控制。我们所主张的自信的平等关系同样与亲密有关。我们希望你能够自信地缩小或拉大与他人的距离——随你的选择。

浪漫关系为我们提供了关于个人边界如何起作用的经典例证。如果吉尔觉得杰克很有魅力，她可能会邀请他一起参加社会活动，以此来接近他。为了拉近他，她会拓展自己的个人边界。杰克则有可能误解吉尔的邀请，认定吉尔是在挑逗他，他可以随意与她发生性关系。吉尔则会认为杰克的行为跨越了她的边界，而将他推开。那么，多近才是"足够近"呢？

有效的个人边界不是固定不变的，而是有弹性的，随交往对象和时间而改变。如果杰克晚些时候再提出性要求，也许吉尔会愉快地接受。然而，杰克过早地侵犯了她的边界，因此，他就可能失去了与吉尔建立长久关系的机会。

再次强调，在个人边界问题上，选择是关键。在促进你更加自信地表达自我方面，我们的目标是使你能够自由地作出如下选择：按自己的意愿缩小或保持与他人之间的距离；促进你与朋友或爱人之间的关系，对那些你不想接近的人设立严格的限制；在必要的时候能够勇敢地保护自己的私人空间，当你想扩展自己的私人空间时也能伸展开；并且承认对方也有这样的权利。正如大法官小奥利弗·温德尔·霍姆斯所说，"你有挥舞手臂的自由，但不能碰到我的鼻子"。

## 自信方面的文化差异

虽然对自我表达的渴望可能是人类的一项基本需求，但人际关系中的自信行为却是西方文化的主要特征。（为了更好地描述，请允许我们谈谈文化的几个基本特征和一两个老话题。这个话题我们在前一章已经讨论过了，但现在很有必要再回顾一下。）

在亚洲的很多文化中，人们非常看重集体（家庭、宗族、工作单位）和"面子"。别人对一个人的看法往往比这个人的自我评价要重要得多。礼貌是一种至关重要的美德，沟通方式往往是含蓄的，以免互相冲突和冒犯。重视传统的人一般认为，西方所主张的直接自我表达意义上的自信是不合时宜的。然而，很多年轻人以及那些与欧美有大量商务联系的人，已经形成了更多直接、非正式和自信的行事风格。

在拉丁语和西班牙语社会中，很多个体与社区过于强调"男子汉气概"，以至于我们所说的自信，在他们看来就成了过于驯服——至少对男人们来说似乎是如此。在这些社会中，更充分地展示自己的力量是男性自我表达的标准。

然而，那些来自传统上不太重视自信的文化的人，可能恰恰最需要从自信中受益。随着我们的世界逐渐变小，现在和未来的国际关系都需要更为开放和直接的交流，需要谈判的双方都能够表现出更为强烈的平等意识。

## 不仅仅是文化

我们希望我们对文化差异的讨论没有让你觉得这就是"多样性"的全部含义。不是这样的。尽管在提及自信行为的时候，文化差异是非常重要的一个方面，但不忽视其他方面的"不同"也很重要。我们都是不同的！想想种族、性别、性取向、性别认同、体能以及心理能力、社会经济地位、教育、宗教信仰。虽然在评估任何既定的状况下保持自信意味着什么的时候，不可能把所有这些变量都考虑进去，但我们敦促你在处理人际关系时，会把多样性作为你参考系的一部分。

## "但是，人类不是天生就具有攻击性吗？"

对于攻击性和暴力倾向，人们通常辩解说这是人体生理组织中不可避免的天性。但是，研究这一课题的最著名的学者们却说并非如此。《塞维利亚声明》——1986年由来自12个国家的20位著名社会与行为科学家撰写，并由美国心理学会和美国人类学学会签署——指出：

"下列说法从科学的角度来讲，是不正确的……

❀ "……我们从原始祖先那里继承了制造战争的嗜好……战争是一种人类特有的现象，它不会发生在其他动物身上。事实是，战争是一种生物学的可能，但并不是不可避免的……"

❀ "……战争或其他形式的暴力行为都植根于人类的遗传天性。事实是，除了极少数的病理学反应，这种基因并不必然产生个体的暴力倾向，也不能决定不产生这种暴力倾向……"

❀ "……在人类进化的过程中，攻击行为是一种进化选择。事实是，暴力既不是我们的进化遗传物，也不存在于我们的基因之中。"

❀ "……人类有一个'暴力的大脑'。事实是，虽然我们肯定有一种神经器官可以产生暴力行为……但是在神经生理学中并没有什么东西支配这样的行为……"

❀ "……战争是出于'本能'或某些单纯的动机……"

"我们认为，人类发动战争并没有生物学上的原因，人类可以从生物学悲观主义的束缚中解放出来……发明战争的物种同样也有能力去创造和平……"

## 如何区分各种行为

"我叫我公公别在我的房子里抽雪茄。这样做是自信的还是攻击性的？"

自信训练团体和机构的成员经常让我们判断某一特定行为是"自信的"还是"攻击性的"。怎样区分呢？我们曾经提到过，自信行为和攻击行为的主要区别在于，在自我表达的过程中，后者会伴随着伤害、摆布或否定别人。心理分析专业人士建议必须考虑行为的动机。也就是说，如果你有意伤害你公公，那么这一行为就是攻击性的；如果你只是想向他表明你的愿望，那么你的行为就是自信的。

很多心理学家主张必须根据效果来考量行为的类型。因此，如果你的公公接受了你的自信信息，并且相应地作出了回应——同意不在你的房子里吸烟——那么你的行为可以归为自信的。如果他在背地里生气或者大叫："你以为你是谁？"那么，你的话可能就是攻击性的。

正如我们说过的，在区分自信的、攻击性的或不自信的行为时，必须将社会文化背景考虑在内。在一个高度重视尊敬长辈的文化中，会认为这种要求无疑是不得体和攻击性的，而不考虑行为、动机和对方的反应。

这一领域中没有什么是绝对的，有些标准可能会互相冲突。某一具体行为在行为和动机上（你希望并且已经表达了自己的感受）可能是自信的，但从反应上看却是攻击性的（对方不能接受你的自信行为），而从社会文化上看又是不自信的（你的文化背景期望一种强力的、压制别人的行为方式）。区分人类的行为并不总是那么容易！

生活中的具体情境也许跟我们在这里讨论的例子很不相同。在任何情况下，"这是自信的还是攻击性的？"这样的问题可能都不容易回答。每一种情况最终都必须根据它本身来进行分析。"不自信的""自信的""攻击性的"这三种类别本身并没有魔力，但在评估某一特定行为是否恰当时，这三者也许是有用的。

最重要的是：不必为这些分类伤脑筋。我们希望你能够自主选择你的行动方式，也希望你明白并知道你有成功所需的工具。

## 自信的社会后果

当你学习提高恰当地、负责任地表达自我的技巧时，要记住，自我表达必须根据事情的背景进行调整。正如言论自由并不意味着你有权在人群聚集的剧院里大喊"失火啦"一样，我们所推荐的自我表达方式是必须考虑其后果的。让我们再一次引述霍姆斯法官的话："你有挥舞手臂的自由，但不能碰到我的鼻子。"

你说"不"的绝对权利和别人说"是"的权利是并存的。你通过自信实现自身的目标的渴望，必须与更大的社会需求进行权衡。你可以大声说出或写下你选择支持的任何观点，但必须承认别人也有同样的权利。如果你的表达超越了语言，并且违反了法律，请准备好付出代价——也许是坐牢。正如积聚钱财的人必须交税一样，言论自由也需要付出代价。

你有坚持自己观点的绝对权利，但其他任何人也有同样的权利——尽管你们的观点可能会相互冲突。在迈向更加自信的旅程中，要牢记这一点。

## "要友善"

"愉快的交谈的秘诀是什么？"哥伦比亚广播公司的电视节目主持人向我们的心理学家同事兼朋友伯纳德·卡尔杜奇问道。"要友善。"伯纳德回答道。

就这么简单吗？也许就是这么简单。

卡尔杜奇博士受邀参加了这个节目，因为他以其系统化的交谈方式而闻名。在印第安纳大学东南分校他的害羞诊所里，卡尔杜奇教给学生们五个关键步骤来帮助他们主动与他人接触，并进行愉快的交谈。当然，在电视节目中，他把自己系统化的方法压缩成了一句话："要友善。"

尽管我们在过去的50年中花了很多时间帮助人们更有效地表达自己，但也许我们本应该更多地关注友善。维护自己的权利，直言不讳地纠正错误，表达你的愿望、感受和观点——这些都是我们一直在强调并称之为"自信"的重要技能。

但是，当我们思考自信意味着什么的时候，也许我们需要更深入地考虑？或许更"友善"是现在所需要的。想一想：

**礼貌**。为他人扶着门，不插队，请求而不是要求，有礼貌，要准时。如果你的头发还没有变成灰色的，请为那些头发灰白的人扶着门。

**感谢**。表达对一些小事的感激，认可那些奉献自己时间和精力的人。如果你的服务俱乐部、桥牌团体或乐队的某位成员做了额外的工作，请公开感谢他。

**体贴**。记住他人的需要，帮助他人，赞美、倾听、关心他人。如果你生活中的某个人的生日即将到来，请简单地（或者大张旗鼓地！）纪念一下。

**诚实**。直截了当但不伤人，表达爱和关心，信守承诺。如果你爱的人或朋友伤害了你，找时间坐下来，温和地提出这件事，并解决它。

**平衡**。互相迁就，平等交换。

**彬彬有礼**。我们如今听到的不是很多了，但无论你相信与否，它以前是国会中最流行的。我们能不同意别人的看法，而不令人不快吗？

**主动**。成为先打招呼或挥手的人，建立友好的邻里关系，建立联结，结交朋友。

组织、机构、公司，甚至中小学、大学和医院都经常占人便宜。在这些机构中的人并不重要，重要的是机构能不受干扰地继续走自己的路。甚至连社区里的志愿者团体也常常不在意他们如何对待那些为了让我们所有人的生活变得更好而付出如此之多的人。

作为个人，我们不必像机构那样行事。我们要相互尊重，将对方当作有独特价值的人。我们能够很友善。

## 21世纪的自信

在本书的早期版本中，我们用了下面这个要求自信行为的情境作例子:"你在排队时是否曾有人在你前面插队?"当然,我们的建议是大声说出来,引起别人注意这一情况,并要求插队者尊重所有排队人的权利。坦白地讲,今天,我们对此不那么有把握了。

《纽约时报》专栏作家、《世界是平的》一书的作者托马斯·弗里德曼讲过几年前发生在机场书店的一件事,这件事可以说明这一观点。那天,他正在里面排队付款,下一个就轮到他了。正当他把钱放在柜台上时,就听见他后面的那个女人说:"对不起,我先来的!"——显然,她急着要买东西。但是,弗里德曼说他非常抱歉,因为显然是他先来的。他说,如果是在今天,他会作出完全不同的反应:"我会说:'小姐,真对不起,都是我的错。请您先来吧。我能替您买这本杂志吗?'"弗里德曼思忖说,如今你永远不能预见人们会如何反应。"我应该想到这个女人可能有个博客,或者她的手机有照相功能,如果她愿意,她能够把这次遭遇告诉全世界——完全从她的角度——这个男人怎么可以这样无礼、粗暴、傲慢!想想吧,他居然会插队!老天!"

如果当时弗里德曼遇到的是一个有直接攻击倾向的人,那么他可能会被对方揍得鼻子流血!

我们一直在强调个人自我表达的重要性,从未动摇过要尊重每个人类个体的观点。但是如今,我们想谈一谈我们身处的21世纪。

我们一向认为,自信行为恰当与否必须依"具体的人和情境"而定。插队这种事情必须更谨慎地评估。当然,我们的"绝对权利"并未改变,但在行使权利时需要更小心地去表达。当你为自己大声抗辩的时候,永远都有被人在鼻子上猛击一拳的风险。然而,在今天,遭到暴力回应的可能性比以往任何时候都高。殴打、下流手势,甚至刀或枪都有可能成为表达不同意见的方式。

那小子竟敢在我面前突然并线,不知道这是高速公路吗?在这种情况下,至少你会按一下喇叭,或用空闲的手比画个下流手势。你也许会骂道:"你下一次减速的时候可能就会挨撞!"或者，你干脆决定把他从公路上别出去。

这倒霉单位居然要处分我？或者，居然要炒我鱿鱼？如果情绪不稳定，或受毒品刺激，我可能会拿枪来"回敬你"。（执法部门告诉我们，很大一部分被判罪的罪犯是长期吸毒者。）

在这个暴力横行的"后9·11"时代，没有什么简单的方法能够应付这种进退维谷的情况。我们不建议你冒险在任何环境下都去实践自信，也不建议你为了避开所有可能危及你的安全的事情而甘做缩头乌龟。我们的建议是，在危险的情境中要保持谨慎。花点时间去分析一下自己的行为可能引发的后果，考虑一下你对自己要应对的人到底了解多少，你对自己所处的环境又了解多少，你想要表达的想法到底有多重要，大声说出自己的要求能否取得什么效果呢，等等。

在第22章，我们将详细讨论这些观点，并整理出一份行为标准的清单，以帮助你决定"这是我自信表达的理想情境吗？"。

请不要误解我们的上述忠告。我们并不希望你因为有风险就放弃合情合理的自信。早晨起床有风险；开车有风险（即使没有那些飙车的疯子）；大多数职业都存在风险（问一下你的老板在员工赔偿保险上的花费，即使那是个"无危险"的工作）；在城市——或在乡村生活，都会有风险。你在与人交往的过程中也会有风险。

逃避风险就是逃避生活——而我们希望你能够尽量充实地生活。正如心理学家和哲学家威廉姆·詹姆斯说的："尽情地生活吧，要不就是一个错误。"权衡一下，冒冒风险是否值得！

我们的社会在创造和谐这一方面，需要各种援助。让我们把自信用于有意义的地方：努力与他人建立平等、合作的关系。

## 自信行为的11个要点

把本章总结一下，我们可以列出一份包含自信行为的11个关键特征的清单：

1. 自我表达
2. 尊重他人的权利
3. 诚实
4. 坦率和坚定
5. 惠及人际关系双方的平等
6. 语言（包括信息的内容）和非语言（包括信息的形式）
7. 有时积极（表达情感、赞美和感激）和有时消极（表达限制、愤怒和批评）
8. 是否恰当要因人因事而定，不是一成不变的
9. 社会责任
10. 自信是学会的，不是天生的。尽管早期大脑发育可能对学习新事物造成较大的障碍
11. 在不违背上面10个要点的基础上，尽量持之以恒去实现自己的目标

现在，你对自信的含义有了更为深刻的认识，也可能已经准备好开始更加有效地表达自我了。

在下一章中，我们将提供许多需要自信行为的生活情境。在阅读的时候，你可能会心领神会地频频点头吧！

# 第6章

# "能举个例子吗？"

> 我们都被我们生活的世界所控制……问题是：控制我们的到底是偶然事件、暴君，还是我们自己？
>
> ——B.F.斯金纳[1]

对一些日常生活情境的观察，可以增进你对我们所讨论的行为方式的理解。当你阅读本章中的例子时，你可能希望在看我们所提供的可供选择的反应之前，停下来想一想自己的反应。当然，这些例子都是经过简化的，这是为了更清楚地表明我们的想法。

## 借东西

约兰德是一名空姐，既聪明又友善，是个深受乘客和同事喜爱的好员工。她与两位室友住在一套公寓里。当室友玛西向她求助的时候，约兰德正憧憬着能安静地在家里度过这个周五的夜晚。玛西说自己要与一个特别的男人约会，想借约兰德那条新项链戴戴。这条昂贵的项链是约兰德非常亲密的哥哥送给她的礼物，对她有着非常特殊的意义。她的回应是：

---

[1] B.F.斯金纳（B.F.Skinner, 1904—1990），美国行为主义心理学家，新行为主义的代表人物，操作性条件反射理论的奠基者。他创制了研究动物学习活动的仪器——斯金纳箱。1950年当选为美国国家科学院院士，1958年获美国心理学会颁发的杰出科学贡献奖，1968年获美国总统颁发的最高科学荣誉——国家科学奖。——译者注

*不自信的：* 尽管她觉得这条项链有特殊的私人意义，不适合外借。但她掩藏起怕项链被丢失或被弄坏的忧虑，说："当然可以！"她克己迎人，满足了玛西的无理要求，整个晚上一直提心吊胆。

*攻击性的：* 约兰德对她朋友的请求十分生气，告诉她："绝对不行！"并且严厉地指责她竟敢提出"如此愚蠢的问题"。她这样做既羞辱了玛西，也嘲弄了自己。过后，她感到非常不安和内疚。玛西带着受伤的感觉去赴晚上的约会，整个晚上都糟透了。此后，约兰德和玛西的关系变得非常紧张。

*自信的：* 约兰德向玛西认真说明了项链的特殊意义，礼貌而坚定地说，这件首饰是一件极其特殊的私人物品，她的请求是很不明智的。玛西感到失望，但表示能够理解。约兰德为自己的诚实而感到很满意。在约会中，玛西凭借自身的魅力给对方留下了深刻的印象。

## 在外就餐

阿吉姆和利蒂希娅在一家中档餐馆用餐。阿吉姆要了一份烤鸡胸，但当菜上来以后，他发现鸡胸烤得又干又老。他的反应是：

*不自信的：* 阿吉姆对利蒂希娅嘟囔着抱怨这份"烧肉"，并且发誓以后再也不来这家餐馆了。但是，当服务员问他"您还满意吗？"的时候，他连一句抱怨也没有，而只是答道："很好！"晚餐和整个傍晚就这样被糟蹋了，他为自己没有采取行动而生自己的气。通过这次经历，他的自我评价和利蒂希娅对他的评价都大打折扣。

*攻击性的：* 阿吉姆怒气冲冲地把服务员喊到桌边，过火地大声指责菜做得不合他的要求。他挖苦服务员，这让利蒂希娅感到十分难堪。按照他的要求，餐馆重做了一份烤鸡胸，这一次比较合他的口味。他感到自己控制了局面，但是利蒂希娅的难堪使他们之间产生了摩擦，这个晚上被糟蹋了。服务员受到了羞辱，在这个晚上余下的时间里一直气鼓鼓的。

*自信的：* 阿吉姆示意服务员过来，让她看了一下烤得过度的

鸡肉，礼貌而坚定地要求把它退回厨房并重做一份。服务员为餐馆的失误表示歉意，并很快端上来一盘烤得恰到好处的鸡胸。阿吉姆和利蒂希娅享受了一顿美餐。阿吉姆对自己十分满意。服务员也为自己能够让顾客满意并且获得了一笔慷慨的小费而感到十分高兴。

## 吸毒

林德赛是一个友善、交际活跃的女研究生。她和保罗一起出去过几次，对他产生了好感。一天傍晚，保罗邀请她参加另外两对男女的一个小型聚会。在大家熟识起来后，林德赛玩得很开心。大约一个小时后，其中一人取出一小包可卡因。除了林德赛以外，每个人都现出一副饥渴的样子。林德赛从来没有吸食过可卡因，也不想去尝试。保罗给了她一份可卡因，她感到十分矛盾。她决定：

不自信的：她接过可卡因，装出很内行的样子，一边仔细观察别人吸食毒品的方法，一边害怕他们会让她再吸一份。林德赛担心其他朋友会对自己有看法。她克制了自己的感受，对保罗不够诚实，并因搅进这种不喜欢做的事而感到十分悔恨。

攻击性的：保罗递来可卡因的时候，林德赛十分不安，她责问保罗为什么带她参加这种聚会，并要求保罗立刻送她回家。当别的朋友说"如果你不想吸，就可以不吸"的时候，她却冲着他们大声嚷嚷。由于她一直这样怒气冲冲，保罗感到十分尴尬，在朋友面前颜面尽失，并且对她非常失望。尽管他在送她回家的时候仍然十分友好，但第二天就向他的朋友说她的坏话。

自信的：林德赛拒绝接受可卡因，干脆地答道："不，我不想要。"她要求保罗送她回家。在路上，她明确地告诉保罗，她很在意他没有预先告知聚会上会提供可卡因。她强调，如果聚会被警察发现，她可能会被逮捕。林德赛告诉保罗，如果他继续吸食毒品的话，她将与他断绝关系。

## 体重超标

多米尼克和吉娜结婚9年了。最近，因为多米尼克一再强调吉娜体重超标需要减肥，两人的婚姻出现了问题。他不断提及这个话题，说她不再是他以前娶的那个女人了（她结婚的时候比现在轻25磅）。他喋喋不休地告诉她，肥胖会危及她的健康，会给孩子们树立一个坏榜样，等等。

多米尼克嘲笑吉娜又矮又胖，并渴望地盯着那些苗条的女人，说她们多么有魅力。他甚至在朋友们面前提起吉娜的体重的具体数字。多米尼克这样做已经有几个月了，吉娜为此十分沮丧。其实这几个月来她一直在尽力减肥，并且已经取得了一点成绩。对多米尼克最近鲁莽的批评，吉娜是：

不自信的：她为自己体重超标道歉，寻找无力的借口，或者对多米尼克的羞辱不予理睬。在内心深处，她既对丈夫的唠叨十分反感，又为自己的肥胖感到自责。焦虑使她更难以减肥，她与丈夫的冲突仍持续不断。

攻击性的：吉娜言辞激烈地指出，她的丈夫也不再是她原来嫁的那个好男人了。她说，事实上他有一半的时间都睡在沙发上，是个让人恶心的性伙伴，也不够关心她。她抱怨他在孩子们和朋友们面前羞辱她，说他简直就像个老淫棍那样盯着别的女人看。她怒火相向，不仅伤害了多米尼克，也使他们的关系更加紧张。

自信的：吉娜找到一个与丈夫独处且不会被打扰的机会，她指出，他说的没错，自己的确需要减肥，但是她不喜欢他在这个问题上纠缠不休。她说自己正在尽力减肥，虽然还面临着一些困难，但体重一直在减轻。多米尼克承认自己如此喋喋不休是无用的，答应与她一起制订一个系统的锻炼计划，还决定帮她完成减肥计划。

"能举个例子吗？"

## 音量失控

爱德蒙和维吉尼亚有一个两岁大的男孩和一个女婴。最近几天晚上，他们邻居17岁的儿子每天都钻进自己的汽车里，把汽车音响开得震天响，而此时刚巧是两个孩子该上床睡觉的时候。孩子们的房间就在房子离音乐声最近的一侧。他们发现，孩子们在音乐停止之前根本无法入睡。他们自己也不堪其扰，他们决定：

不自信的：他们把孩子转移到房子另一侧的自己的房间里，等到噪声结束（通常在午夜），再把孩子抱回原来的房间。他们自己上床睡觉的时间也远远超过了他们惯常的时间。他们默默地诅咒这个年轻人，与邻居的关系很快就疏远了。

攻击性的：他们给警察打电话，说"隔壁的野小子正在制造噪声"，要求警察立即阻止这些噪声。警察找了男孩和他父母进行谈话。警察的到访让男孩的父母十分生气和难堪。他们责备爱德蒙和维吉尼亚不该不先与他们沟通就直接报了警，并决定以后再也不理他们了。

自信的：一天傍晚，爱德蒙拜访了男孩的家，向男孩指出音响让他的孩子们晚上无法入睡。爱德蒙提议大家一起想个两全之策，既允许男孩听音乐，又不打扰孩子们的睡眠。男孩不太情愿地答应在入夜之后会把音量调小，但是很赞赏爱德蒙的合作态度。双方对结果都很满意，并同意在下个星期共同确认商定的方案是否有效。

## 失败者

张是一个22岁的大学肄业生，从事软件开发工作，他单独住在一间改造过的阁楼里，离工作地点不算很远。过去的14个月里，张过得很不顺心。离开大学之前，张经历了一系列的痛苦——学业失败、失恋，并且经常遭到宿舍其他学生的欺负。最近，他还因为酗酒，在监狱里过了两次夜。

昨天，张收到了母亲寄来的一封信。在信中，母亲虽然询问了他的近况，但主要还是夸耀他哥哥最近所取得的成绩。今天，他的部门主管因为一个错误严厉地批评了他，而错误的责任其实在于主管自己。还有，他邀请他仰慕的一位同事共进晚餐，但遭到了拒绝。

当他晚上返回住处时，感到特别沮丧。刚到大门口，又碰见了他的房东。那家伙长篇大论地大骂那些"讨厌的醉鬼"，并提醒他要按时缴纳这个月的房租。张的反应是：

不自信的：他忍受了房东的冷嘲热讽，感到更加自责和失落，一种绝望的感觉袭上心头。他很奇怪，同是一母所生，为什么哥哥能如此成功而自己却一事无成。他觉得自己活着实在没什么意思，开始琢磨采取何种方式自杀。

攻击性的：房东的行为成了压垮他的"最后一根稻草"，他怒不可遏，一把推开房东，冲进自己的房间。他决定"干掉"那些最近把他的生活弄得一团糟的家伙：主管、那个同事、房东，不管是谁，绝不留情。他想到了昨天在典当行橱窗里看到的那把手枪……

自信的：张坚定地向房东说，他一直都按时缴房租，绝不会拖到下个礼拜。他提醒房东，楼梯的一根栏杆坏了，屋顶几个星期前就该维修了。第二天早上，经过对自己生活状态的一番深切的反思后，张打电话向当地精神卫生诊所求助。在公司里，他平静地走到主管面前，讲清了那个错误的前因后果。尽管主管有点抵赖，但还是承认了自己的错误，并为自己的过激行为向张道了歉。

## 认清你的不自信行为和攻击行为

本章的例子帮助我们澄清了自信在日常生活中的含义。也许你在生活中就遭遇过案例中的一种或几种情境。花几分钟时间，实事求是地倾听自己描述与对你重要的人的人际关系，认真分析自己

"能举个例子吗？"

与父母、同事、同学、配偶、孩子、老板、老师、推销员、邻居、亲戚之间的关系。在这些关系中，谁占据了主导地位？在与别人打交道时，你是否很容易占据优势？你是不是经常公开表达自己的感受和想法？你会经常利用或伤害别人吗？

对上述问题的回答，为你更深入地研究自己的自信行为、不自信行为或者攻击行为提供了线索。如果你还没有完成第2章的自信问卷，我们建议你现在就去完成它。我们认为，你将发现这种自我检查会很有帮助，能够大幅度提高你与别人有效交往的能力。

## 第3部分
# 怎样变得自信

# 第7章

# 为自己确立目标

> 永远不要被别人牵着鼻子走,要按照你自己的方式行事。
> ——安德鲁·索特[①]

我们钦佩的一位教授曾经对他的研究生说:改变自己就像计划一次旅行,必须首先找准自己当前的位置,再确定目的地,然后想清楚如何从这里到达那里。

到目前为止,本书的大部分内容都是为了帮你找准自己当前与自信有关的位置。在后面的几章中,我们将重点讨论"到达那里"的途径。本章是一座桥梁——帮你决定要去哪里。也许,确立自己的目标是整个过程中最重要也最困难的一步。

## "如何知道自己需要什么?"

自信训练发端于这样一种观念:如果人们能够表达他们的需要,能够让别人了解他们希望受到怎样的对待,那么他们的生活就会过得更好。然而,有些人却发现,了解自己在生活中真正需要什么,是一件很困难的事情。如果你大多数时候都在为别人忙碌,并认为自己的需要无关紧要,那么对你来说,仅仅要了解什么对自己更重要都可能相当困难。

有些人好像非常了解自己的感受和需要。如果邻居家的狗狂吠不停,他们会感到恼怒、生气或害怕,但是这类人能够转化这些

---

[①] 安德鲁·索特(Andrew Salter,1914—1996),英国著名登山家。——译者注

感受，把握关键的问题，在必要时采取自信的行动。

也有些人在冲突面前难以把握自身的感受，不知道自己到底想要实现什么。他们总是不太愿意自信，哀叹说："自信什么呀？我不知道自己想要什么！"如果你也有这样的问题，你就会发现，把自己的感受进行分类是很管用的。愤怒、焦虑、厌倦、不安和害怕都是常见的感受。此外，你还会体验到幸福、恼怒、爱、放松和悲伤。

有些人只需要沉思几分钟，就能理清自己内心的感受。而有一些人则可能需要跨出更积极的第一步。对相关的人说说心里话通常会大有好处："我很不安，但我不知道为什么。"或者也许"我情绪低落。""我觉得自己有些不对头，但又找不到确切原因。"这些话会帮助你开始积极探索自己的感受，并帮助你明确自己的目标。

也许妨碍你认清自身感受的是某种担忧——一种自我保护机制。或者，你可能因为非常不了解自己的感受，以致几乎已经忘记感受为何物了。在这个阶段，不要裹足不前，要继续前进，要努力表达自己。在前进的过程中，你可能会意识到自己的目标。事实上，也许你所有的愿望就是说出自己的心里话！如果你已经开始认清自己的内心感受，并决定在中途转向（"我起初很生气，但我明白了，自己真正想要的其实是别人的关注！"），那么你就迈出了建设性的一步。

通过明确自己的总体人生目标，可以帮助你认清自己在特定情境下的真实感受。自信需要方向；虽然总的来说自信是个很好的观念，但为自信而自信却是没有价值的。

## "你好，需要？是我，蒂姆·伊德。"

忽视自己的需要是人们不关心自己的众多做法中的其中一种。取悦他人以及否定自己是这些人的普遍选择。也许你也是其中之一？大多数人没有清楚地认识到他们的需要，所以他们发现自己很难在这样的个人关系中表达他们的需要。

最早对需要进行认真地研究的是心理学家亚伯拉罕·马斯洛。如果你有上过普通心理学的课程，你可能就会遇到马斯洛的"需求层次"理论，通常被描绘成由多个层次组成的金字塔形式，其以基本生理需要为基础，然后依次建立安全需要、归属和爱的需要、尊重需要和自我实现的需要。

马歇尔·卢森堡（Marshall Luxembourg）博士的研究是帮助我们识别发现自身需要的当代绝佳的资源，他在其著作《非暴力沟通》中指出了人类的几种需要。其中包括自由选择（选择你的目标、方向和计划）、言行一致（意义、自我肯定）、相互依存（接纳、亲密关系、温暖、社区）、玩耍（乐趣、欢笑）、情意相通（美、和谐、平静）、身体营养（空气、食物、住所）。

当你认为并发现在一段关系或生活中你的需要并没有得到满足的时候，你就更容易知道如何处理它。如果一段关系没有给予你所需要的温暖，你可以决定如何果断地提出要求。如果你的邻居调大了音乐的音量或者正在叫的狗让你对休息和安静的需要被否定，你可以果断地向邻居解释（而不仅仅是抱怨噪声）。

你可能会发现，有时目标之间会互相冲突。比如，你可能既希望与隔壁邻居保持友好的关系，又想让他家那条吵闹的狗安静下来。如果你因为狗的问题与他当面交涉，就有把双方的关系搞僵的风险。在这种情况下，弄清自己的目标，对于决定做什么和怎样做就会很有价值。

## 个人成长的行为模式

卡尔·罗杰斯（Carl Rogers）博士是20世纪下半叶最具影响力的心理学家。他的人本主义心理学理念对"人类潜在行为"理论的发展，产生了至关重要的影响。1970年代，阿尔伯蒂博士尝试将罗杰斯博士的观点转化为可以操作的具体行为，设计了一个"个人成长的行为模式"。我们认为，看看下页的这个"模式"并进行认真反思，将会对你评价自身的成长目标大有帮助。

## 目标的结构化

好吧，让我们来具体分析一下。你也许想在日志（你仍在坚持记日志，对吗？）中写下几个目标，以帮助指导你后面几个星期的自信练习。那么，请从发挥你的创造性思维开始，思考一下自己想从这个个人成长课程中得到什么。要开动脑筋去想你的自信行为，把能想到的全部记录下来，要快。不要忽视或批评任何想法，无论它看起来多么可笑。思路要尽可能开阔。

列完这个包含各种可能情况的清单之后，你需要把它精简为一份具体目标的清单。这个清单应包括些什么呢？在作决定的时候，要参考六个关键标准：个人因素、榜样、可行性、灵活性、时间、优先顺序。要让你清单上的每个目标都能符合这六个标准。

### 个人因素

在你评估这些自信成长的具体目标时，可以利用你在回答第2章的自信问卷时对自己的发现，以及自己日志中的内容。

在第3章中，我们曾建议你按照下面的5个类别来记录自己的自信行为：

❉ 容易或难以处理的情境
❉ 生活中的关键人物
❉ 对表达自我的态度、想法和信念
❉ 自信的障碍，如某个人或某种担忧
❉ 你所掌握的自信行为的技巧，如目光交流、声音大小、手势

# 个人成长的行为模式

罗伯特·E.阿尔伯蒂博士

卡尔·罗杰斯博士在他的著作《个人形成论》一书中，提出了个人健康成长的三大特征。下面的行为模式即是以这三个特征为基础的。

### 越来越开放地去体验

你最近可曾——

❈ 参加一项新的体育运动或游戏？
❈ 改变自己对一个重要问题（政治、个人、职业等）的看法？
❈ 尝试一种新的爱好或技术？
❈ 学习陌生领域的一门新课程？
❈ 学习一种新的语言或文化？
❈ 花15分钟或更多的时间去关注自己的身体感受、感觉（放松、紧张、性欲）？
❈ 花15分钟或更多的时间去倾听与你不一致的宗教观点、政治观点、职业观点或个人观点？
❈ 品尝了一种新食物，闻到了一种新气味，听到了一种新声音？
❈ 允许自己哭？或者说"我在乎你"？或者大笑到要哭？或者放声尖叫？或者承认自己害怕？
❈ 欣赏日出或日落（月出或月落），或者鸟儿在风中翱翔，或者花儿向阳怒放？
❈ 去一个从来没去过的地方旅行？
❈ 结交一位新朋友，或发展旧友情？
❈ 花一个小时以上的时间与一个来自不同文化或种族背景的

人真实地进行交流（用心倾听并真诚反馈）？
❖ 做一次"幻想旅行"——花10~60分钟或者更长的时间去自由发挥自己的想象？

## 更多地过一种存在式的生活

你最近可曾——

❖ 一时兴起做过什么事，而不考虑其后果？
❖ 停下来"倾听"自己的心声？
❖ 不假思索地自发表达自己的感受——愤怒、喜悦、害怕、悲伤、同情？
❖ 做你想做而不是你觉得"应该"做的事？
❖ 允许自己只顾眼前地花费时间和金钱，而不是为今后打算？
❖ 凭一时冲动购买自己想要的东西？
❖ 做所有人（包括你自己）都不希望你做的事？

## 越来越相信自己

你最近可曾——

❖ 做自己认为正确的事，而不顾别人的劝告？
❖ 允许自己创造性地尝试用新方法去解决老问题？
❖ 当着大多数反对者的面，自信地表达一个非主流观点？
❖ 运用自己的思考能力，为一个难题找到解决方法？
❖ 做一个决定并立即行动？
❖ 通过行动证明你可以把握自己的生活？
❖ 关心自己的身体状况，并去做了一次体检（这两年内）？

❖ 告诉别人你的宗教信仰或人生哲学？
❖ 扮演过自己单位、组织、社团的领导角色？
❖ 当遭受不公平对待时，自信地说出自己的感受？
❖ 冒险与人分享你的个人感受？
❖ 独立设计并（或）亲手制作一些东西？
❖ 承认自己错了？

现在，花些时间回顾一下自己的日志，从中找出一些能帮你确定目标的想法。

比如，你可能会发现一个难以对付的粗鲁的同事的行为模式，也许她固执地以她自己的方式行事，而不听你的意见，无视你的好建议。你的反应可能是退缩，忍住自己的不同意见，保持沉默，以避免冲突。你也可能因为想方设法躲着她，而去做自己的事，结果浪费了时间和精力。有什么自信的方法能够帮助你应付这种情况呢？

## 榜样

可能有很多人让你钦佩不已。如果你能选择一个或多个自信的"榜样"身上的典型品质作为你的奋斗目标，你就能在心里形成一些具体的行为目标。一个精选的榜样可激励你坚持自己的目标。

最要好的朋友、受人爱戴的老师、公众人物、社团领袖、艺人或演员、家庭成员、神职人员、商人或者重要的历史人物都可以成为好的榜样。这个榜样的行为可以作为你的目标的一个基础。

要关注那些你想获得的品质，着重于自信、勇气、坚持、忠诚等方面。对照你所选择的榜样，检查自己的行为。

经常思考你的榜样，让你对榜样的行为的反思为你增进自信的过程提供动力。

## 可行性

正如本书中多处建议的那样，在追求自信行为的转变时，速度要慢些，步子要小些，以增加成功的机会。不要把目标定得太高，以免冒早早失败的风险。相反，要每天做一点，循序渐进。

作家、哲学家莫顿·亨特（Morton Hunt）用一种令人痛苦的方式向我们阐释了这个建议。他讲述了自己8岁时的一段痛苦经历，这段经历教会了他如何应对生活中的各种沉重压力。他和几个伙伴一起去爬他家附近的一座悬崖。爬到一半的时候，亨特突然感到十分害怕，再也不能挪动半步。他不知所措，是上还是下的想法困扰着他。天擦黑的时候，伙伴们都弃他而去。

最后，他父亲赶来营救，但是莫顿不得不自己挪动。父亲在下面指导着他，并向他示范如何克服恐惧心理，同时不停地提着建议……"一次挪一步"，"一点一点地挪"，"不要担心下一步"，"别往下看"。

在以后的人生中，每当亨特面对严重事件的时候，他都会想起那简朴的一课：不要考虑可怕的结果；从一小步开始，让小的胜利为你接下来的每一步提供勇气；不断实现小目标，最终就能实现大目标。

亨特父亲的建议为自信成长提供了一个极好的方法。

❖ 不断提醒自己，把大目标划分成更可行的小目标。不要急。
❖ 胜利就在眼前；你可以看见自己的变化；每次走一步，你就可以实现你的目标。

## 灵活性

决定是否改变和如何改变是一个永无止境的复杂过程。目标绝不是"一成不变的"，它们始终随着你和你的生活环境的改变而改变。

在一段时间内，你可能希望完成学业，而当你实现了这个愿望时，又会突然出现一系列全新的可能。或者你希望一年能赚5万美元，等实现后你又想要10万美元了；你渴望升职，当真的被提升时，你又发现你不满足于新的职位，就像你不满足于原来的一样。

因此，改变本身就是一个持续变化的因素。要让你的目标保持足够的灵活性，从而使自己能够适应生活中不可避免的改变。

## 时间

如何根据目标的实现所需要的时间对它们进行分类呢？以下是几个自信目标的例子：

长期目标
❖ 在配偶面前表现得更自信；
❖ 在生活中甘冒更大的风险；
❖ 减轻自信行动时的焦虑情绪；
❖ 克服对冲突和愤怒的恐惧；
❖ 深入了解自身童年经历对自信的影响。

一年期目标
❖ 更经常地问候自己所亲近的人；
❖ 在人群面前更经常地大胆发言；
❖ 说"不"，并且说到做到；
❖ 改善自己在交谈时的目光交流；
❖ 少说"对不起"或者"太打扰您了"。

一月期目标
❖ 把质量不合格的吸尘器退还给商店；
❖ 对单位那些吹毛求疵的董事会成员说"不"；

❀ 在管教孩子时更加坚定；
❀ 邀请新邻居到家里喝咖啡；
❀ 开始听一些关于自信的音频资料。

这些清单上所列的内容不过是成百或成千种可能中的一小部分。你需要设计出自己独特的个人清单。要自信！没有人比你更了解自己的需要。

## 优先顺序

确立你的短期、中期和长期目标之后，要按照你心目中的优先顺序把这些目标进行分组。

把你的短期、中期和长期目标分别归入下面的"顶层抽屉、中层抽屉、底层抽屉"中。

|  | 一月期 | 一年期 | 长期 |
|---|---|---|---|
| 顶层抽屉 | ❀ 退掉质量不合格的吸尘器<br>❀ 邀请新邻居来访 | ❀ 更多地大胆说话<br>❀ 说"不"并说到做到！也不说"对不起"！ | ❀ 克服对冲突和愤怒的恐惧<br>❀ 冒更大的风险 |
| 中层抽屉 | ❀ 听自信方面的音频资料<br>❀ 面对孩子时更加坚定 | ❀ 经常探望约翰 | ❀ 在约翰面前更自信 |
| 底层抽屉 | ❀ 拒绝募捐 | ❀ 改善目光交流 | ❀ 思考童年经历对自己的影响 |

顶层抽屉——最重要的目标
中层抽屉——重要但不必立即实现的目标
底层抽屉——可以无限期推迟且不会产生重大压力的目标

如果你每次从长期、中期、近期目标栏中各选择两个顶层抽屉的目标，那么你一个月中就将有六个最高优先级的目标需要去努力实现。每个月你都可以选择一个新的目标清单。有些目标仍将留在顶层抽屉里，但有的目标已经不在那里了——被你实现了。

## 向目标前进

你已经确立了自我成长的一些可能目标，要评估这些目标，根据其重要性和可行性进行分类。

选择你准备在未来几周或几个月内实现的一些目标，并把它们记在日志里。

把那些在现阶段太难实现或超出你的能力的想法抛开。在这一点上要现实。要准确地聚焦在你的自信之旅中的下一步目标。

在你向自己选定的目标前进的过程中，要牢记你的榜样。要检查一下你所选择的目标是否与那个榜样的品质大体一致。你的自信行为不会与你的榜样完全吻合——事实上，你也不想这样。要努力成为真实的自己，而不是别的什么人。

记住，你的选择常常都是暂定的，应随着新的环境和信息的变化而变化。坚定你的行动方向，但要保持灵活性，必要时作出调整。为自己的人生确立目标，可能是一个令人兴奋的过程。当你向目标前进时，你将会发现有一种真正的成就感。每前进一步，都自我鼓励一下。用你的日志定期记下这一切。最重要的是：目标要为你自己而确立。你的目标并不是为了取悦别人。要密切注意自己的愿望和需求；走自己的路。

# 第 8 章

# 重要的不是说什么，而是怎么说

> 说真话需要两个人——一个人说，一个人听。
>
> ——亨利·戴维·梭罗[1]

自我表达是人类的一种普遍需求。当然，每个人的自我表达方式都是独特的。在这一章中，我们将对个体风格的行为的各个构成要素进行讨论。虽然个体差异是"推动世界的力量"，但我们仍然可以学会良好的沟通所必需的技巧。

## "我从不知道要说什么！"

很多人把自信看作一种措辞行为，认为他们必须用"最正确的词语"才能有效处理某一情境。与此相反，我们发现，怎么表达自信信息远比"说什么"更重要。尽管很多自信培训师把"在……时候你要说……"之类的话当作口头禅，但这从来不是我们的方式。我们首先考虑的是鼓励人们诚实、直接地表达自我，而且，大多数这类信息是不用言语传递的。

---

[1] 亨利·戴维·梭罗（Henry David Thoreau，1817—1862），美国作家、哲学家，著作有散文集《瓦尔登湖》和论文《论公民的不服从权利》（又译为《消极抵抗》或《论公民的不服从》，曾影响过托尔斯泰和圣雄甘地）。出生于马萨诸塞州的康科德城，1837年毕业于哈佛大学。除了被一些人尊称为第一个环境保护主义者外，还是一位关注人类生存状况的有影响的哲学家。——译者注

我们小组和工作室的参与者们曾经看过我们模拟的一个场景，这一场景清楚地说明了我们的观点。罗伯特扮演一位不满意的顾客，打算把一本缺页的书退回书店，书名是《一直想自信，但又羞于开口》。马歇尔扮演书店的一名店员。罗伯特用三种不同的方式向马歇尔提出要求，但台词实际上完全一样："我上周从这里买了这本书，但是发现书里少了20页。我想换一本或者把书退掉。"

1. 罗伯特犹犹豫豫地慢慢走近柜台。他的眼睛盯着地板，说话的声音像蚊子叫，脸红得像是这本书的封面一样，手紧紧地攥着那本书，摆出一副"千万不要伤害我"的可怜相。

2. 罗伯特大步冲向柜台，眼睛瞪着马歇尔，拳头攥得紧紧的，声音大得整个书店都能听见，那副怒气冲冲的样子让人看上去好像要吃了店员一样。

3. 罗伯特走近柜台。他坦然、放松地站在马歇尔面前，腰板挺得笔直，脸上带着微笑，神态友好地直视着马歇尔，并以一种商量的音量和口吻提出了自己的要求，同时指出那本书的缺陷。

当然，我们模拟的三种行为方式都有些过分夸张，但我们的观点却是显而易见的。第一种不自信的、弄巧成拙的方式向马歇尔表明：这个顾客是个容易对付的家伙，稍加阻止就会使他放弃要求并离开。第二种方式可能会让罗伯特达到退书或更换的目的，但他的攻击行为会让马歇尔在他离开之后，充满敌意地戳他的后背。而第三种自信的方式会使罗伯特达到目的，并让马歇尔感到：为一位值得尊敬的顾客解决问题是件非常愉快的事。

## 自信行为的构成要素

行为科学家通过系统观察自信行为，认为自信行为有几个重要的构成要素。加利福尼亚州已故的精神病学家、医学博士马歇尔·索伯（Marshall Sauber）在20世纪60年代和70年代做了大量自信训练方面的研究，这对我们这一领域的观点产生了重要的影响。

最近，加利福尼亚大学伯克利分校的心理学家保罗·艾克曼（Paul Ekman）和他的同事们通过研究，证实了索伯和其他研究人员很久以前提出的一个假设：语言因素甚至可能没有非语言因素重要。

应当指出，这个领域内的研究大多数都是针对北部的欧洲裔美国人的。人种和文化因素对本章所讨论的行为要素问题会产生非常重要的影响。我们极力建议你回顾本书第4章中关于文化因素的讨论，并在研究这些方面的行为时考虑其文化因素。

记住这个提醒，让我们来详细研究自信行为的主要构成要素吧。

## 目光交流

在你与别人交谈时，你最明显的行为就是你在往哪儿看。一般来说，如果你在说话时能够直视对方，将会有助于传递你的真诚，使你的信息传达得更直接。如果你大部分时间里都往下或往其他什么地方看，就会让对方觉得你缺乏信心或对他不够尊重。但是，如果你过于专注地凝视对方，就可能会让对方感到这是一种令人不安的冒犯。

我们并不建议你过度使用目光交流。始终注视对方会使对方感到不舒服，这是不恰当、不必要的，会被对方当作一种戏弄。

此外，目光交流会因文化背景的不同而不同。很多文化中对可接受的目光交流都有一定的限制，特别是在不同年龄和不同性别的人之间。

然而，目光交流的重要性是不言而喻的。坦然而平和地看着对方，并偶尔移开目光，会让对方感到舒服，也有助于使交谈更亲密，显示出你对对方话题的兴趣和对对方的尊重，从而使你的信息传达得更直接。

和其他行为一样，有意识的努力无疑可以逐步提高使用目光交流的能力。在与别人交谈时，要有意识地控制你的目光，并尝试在谈话中最合理地利用你的目光。

## 身体姿势

在别人互相交谈时，仔细观察他们的站姿和坐姿。你可能会像我们当时一样惊讶地发现，很多人在与别人交谈时，会转过身体避开对方。两个人并排坐着交谈时，通常仅把头扭向对方。下次你与别人交谈的时候，留心观察一下，是不是随着话题变得更私密，你和对方的肩膀和身体会慢慢转向对方，比如说30度。

两个人相遇时，不管是站着还是坐着，可能都在强调相对的"权力"。一个高个的成年人和一个小孩子之间的相对权力就是明显不平衡的；如果成年人相当体贴，能弯腰或蹲下身子，从孩子的高度和角度去观察，就会发现交流效果明显不同，孩子会变得更加乐意回应。

在你需要站着的场合，可能站着这个动作就会对你有所帮助。当你直接面对别人时，一个积极的、挺拔的姿势就会为你所要传达的信息增加自信的元素。一个消沉的、被动的姿态，比如表现出身体向自己一侧后倾或移开的意图，会让对方立即获得优势。还记得本章开头罗伯特向书店店员提出要求的第一种方式吗？

## 距离和身体接触

在非语言交流的跨文化研究中，关于谈话双方的距离和接近程度的问题是一个非常有趣的话题。总的来说，在欧洲人当中，一般住得越靠北的人，在相互交谈时彼此站得越远。美国和欧洲的情况差不多，住在气候越温暖的地区的人，相互交谈时彼此站得越近。但是，也有十分例外的情况，某些种族的亚文化群体对接近和接触的看法是很不一样的。当然，接近程度与气温并不是必然相关的。文化和社会习俗是非常复杂的历史因素的产物。比如，在阿拉伯国家，男人之间见面习惯上会互相拥抱和亲吻以示问候，而且彼此会离得非常近。然而，有趣的是，如果一个阿拉伯男人对一位妇女也这样的话，就会被视为是十分不妥当的行为。而在美国和南欧，这不过是很平常的事。

相互之间的距离对交流确实有相当大的影响。站或坐得非常近，或者靠在一起，都表明关系十分亲密，除非是在人群里或狭窄的角落里。电梯里的乘客在距离问题上遇到的麻烦就是一种典型情况，拥挤狭窄的空间让人感到很不舒服。太靠近对方可能会使对方感觉受到了冒犯，从而产生防范心理，但也可能会因此开启一扇亲密之门。若是需要的话，直接询问对方对身体距离的接受程度也不失为一个好主意。

## 手 势

恰当地使用手势可以使你要传递的信息重点更突出、更坦率、更热情。身为意大利后裔的罗伯特·阿尔伯蒂在谈话中就酷爱使用手势，他将之视为一种民族遗传。尽管手势的运用的确在某种程度上与文化传统有关，但自如地运用手势确实会使你要传递的信息变得更有深度或更有说服力。从容的动作，可以向对方展示你的坦率、自信和自然（除非这个手势是莫名其妙的、神经质的）。

## 面部表情

见过有人微笑着或者笑容满面地表达愤怒吗？这是不可能做到的。有效的自信要求表情与要传递的信息相一致。一张紧绷的苦瓜脸可以清楚地表达愤怒的信息。带着一副愁眉不展的阴郁表情又如何能够进行友好的交流呢？让你的表情和你的话语传递相同的信息吧！

加利福尼亚大学的保罗·艾克曼博士对人际交流过程中面部表情的重要意义有着大量的著述。艾克曼和他的同事们提出了"表情行为代码系统"，它作为一种工具，可以真实地测量面部肌肉运动与情感变化的关系。艾克曼的研究表明，人类可以轻松学会解读别人面部表情的微妙变化，从而更敏锐地了解对方所表达的情绪。此外，你也可以通过控制面部表情来更准确地表达自己的感受——或者，如果你愿意，隐藏自己的感受。

从镜子里仔细观察自己，可以帮助你了解自己的表情所传达的大量信息。首先，尽可能放松自己的全部面部肌肉。释放你的表情，放松嘴部的肌肉，松弛你的下巴，放松两颊以及前额和眼睛周围的皱纹。认真体会这种放松、平和的感觉。现在，开始微笑，尽量张开嘴巴。体会两颊、眼睛周围直到耳朵的紧绷的感觉。保持笑容，从镜子里观察自己的表情，凝神注意这种紧绷的感觉。然后，重新完全放松你的面部肌肉。注意放松时与不自然微笑时感觉上的区别，以及你在镜子里看到的自己前后表情上的区别。

当你对自己不同表情时的面部肌肉的感觉，以及微笑或放松时的样子有了更清楚的认识之后，你就可以更加有意识地控制自己的面部表情，从而用更恰当的表情去表达你的所思、所想、所言。当你真的想要展示自己的快乐时，你就可以绽放出更加自然的笑容。

## 语气、语调和音量

我们使用声音的方式也是交流的重要元素之一。同样一句话，咬牙切齿地怒吼出来和欢快地说出来，以及忧心忡忡地嘀咕出来，所表达的信息是全然不同的。

若能以恰到好处的语调、语气和音量来说话，无需任何恫吓即会令对方心悦诚服；单调的咕哝很少能正确表达你的真实意思；而在交流时大叫对方的诨名则会引起对方的抗拒心理。

如今，声音是最容易获得准确反馈的行为要素。绝大多数人都能够通过一个小小的录音设备检验自己的声音风格。运用这种方法，你可以体会平常说话、气愤地吼叫、关心的话语、据理力争等不同风格的声音。你可能会对自己"大喊大叫"的音量如此之低或者平常说话时音量如此之高而感到万分惊讶。

至少要从三个方面来考虑你的声音：

◈ 语气（是刺耳的、烦躁的、柔和而富有魅力的，还是怒气冲冲的？）
◈ 语调（比如你在问句的句尾是使用升调，还是整句话不变的平调，还是有一种"唱出来"的效果？）
◈ 音量（你是用咕哝来努力引起别人注意，或者提高音量来压住别人，还是即使你想要大喊大叫也难以做到？）

如果你能有效地控制并运用你的声音，你就获得了一个强有力的自我表达的工具。要利用录音机勤做练习，努力尝试不同的声音风格，直到你形成自己喜欢的风格。要耐心一点，给自己一点时间。在这个过程中，要不断地利用录音机检验自己的进展。

## 流利

精神科医生马歇尔·索伯在为病人治疗时，曾经做过一个叫作"向我兜售东西"的练习，这个练习要求病人就某件东西，比如手表，尽量用打动人心的话说上30秒。对很多人来说，把语言组织在一起滔滔不绝地说上30秒是非常困难的。

平稳的语速在任何类型的谈话中对传递你的观点都是十分有益的。没有必要喋喋不休、连珠炮式地说话；但是，如果在说话时，中间有长时间的停顿，听你说话的人就会感到无聊，并且可能会认为你对自己不太有把握。清晰舒缓地说话总是比虽然急促却含含糊糊、结结巴巴和长时间停顿的说话方式，更容易懂，也更有说服力。

再说一遍，一件数字的或者磁带式的录音设备是非常有用的工具。依靠这个设备，就你所熟悉的话题说上30秒，然后听听自己的录音，要注意那些停顿3秒以上的地方，以及那些虽未停顿但说的是毫无意义的"啊——啊啊——这个这个"的地方。重复这个练习，必要的话，把语速放慢一些，尽量避免明显的停顿。然后，逐渐增加练习的难度，把话题换成不太熟悉的内容，尽量让自己更有说服力，可以假设正在与别人争论，或者在与朋友谈心。

## 时机

总的来说，我们把自然而然的表达作为我们的目标。尽管说话时犹豫可能会降低你的自信的效果，但是自信永远不会太晚。尽管有时理想的时机已经过去，但是你经常会发现，事情过去后找对方并表达自己的感受仍然是值得的。事实上，心理学家甚至提出了一种能够让人们向那些来不及表达自己的感情就已经不幸去世的人（比如父母）表达强烈感情的方法。

自然而然的自信，会让你的生活更有条理，有助于你更准确地体会自己当时的感受。然而，有时候，若想要表达某种强烈的情绪，则必须选择恰当的时机。比如，选择在其他人面前与对方争执显然是不明智的，因为在这种条件下，对方的反应会格外激烈。如果你必须要毫无保留地说出自己的想法，还是找个私密的地方和时间吧。

## 倾听

这个要素也许是最难描述、最难改变的，但也是最重要的。自信的倾听是对对方的积极承诺，它要求你聚精会神，而不要有明显的动作，当然，目光交流和适当的肢体语言——比如说点头——通常是妥当的。倾听体现了你对对方的尊重，它要求你暂时避免表达自己，甚至在倾听时把自己的需要放在一边；不过，这并非不自信的表现。

倾听不是对听到的声音的简单身体反应——事实上，有听力障碍的人也可以成为出色的"倾听者"。有效的倾听可能意味着向对方作出反馈，以表明你理解了对方的话。自信的倾听至少需要具备以下几个要素：

- 停止其他活动，全神贯注于对方——关闭电视、电脑或者iPod——不要管其他分心的事，把自己的全部注意力集中到他或她的方向。
- 注意对方所传达的信息，有可能的话与对方做目光交流、点头，表示你在听，甚至可以碰一碰他或她。
- 在作出反应前，要仔细思考对方所要传达的潜在信息，积极地努力理解对方——而不是设法解释或回答。
- 提供体贴而共情的反馈，以表明你已经听到并理解了。

自信包括尊重别人的权利和感受，这就意味着自信地接收——对对方保持敏感——同时也要自信地发出信息。

与自信行为的其他构成要素一样，倾听也是一种可以学会的技巧。这需要努力和耐心，还需要其他人愿意与你配合。尽量去找一个固定的练习伙伴，与伙伴轮流相互倾听，以共同提高倾听的技巧。练习准确理解彼此的交流，不断地修正自己的解释，直到对方认可你已经完全理解了他的意思。这一练习将会提高你的倾听能力。

好的倾听将会使你的自信更有效，从而极大地增进你的人际交往的效果。

## 思考

思考是无法被直接观察到的，这是自信的另一个构成要素。尽管人们长期以来就凭直觉知道态度会影响行为，但直到最近，心理学才能足够精确地来研究这两者之间的直接联系。纽约已故心理学家阿尔伯特·埃利斯、加拿大安大略省心理学家唐纳德·梅钦鲍姆、费城精神科医生亚伦·贝克、宾夕法尼亚大学的大卫·伯恩斯在行为的认知维度的研究方面都极具影响。

比如，埃利斯将这个过程简化为A—B—C三段式：（A）发生了一件事；（B）一个人看到了这件事的发生，并在心中进行解读；（C）这个人以某种方式作出反应。其中，B部分——感知和思考的过程——在过去经常被人们忽视。

梅钦鲍姆、贝克和伯恩斯的研究以及其他人在"认知行为治疗"方面的研究——大多数是建立在埃利斯的研究的基础上——为培养自信思考提供了一系列明确的方法。因而，你现在可以像锻炼你的目光交流、身体姿势和手势一样锻炼你的思考能力。

当然，思考可能是人类所能做的最复杂的事情了。与你可能想象的一样，改变自己的思维和态度同样是一个非常复杂的过程。我们将在第10章更深入地探讨这个问题。不过，现在，关于你的自信思考的问题，请考虑以下两点：你是否认为人们获取自信总的来说是个好主意？当你处于某种需要自信行为的情境时，你是怎看待自己的？例如，有些人觉得表达自我对任何人来说都不是一个好主意。也有一些人认为，这对别人来说还不错，但对自己则不是。如果这些想法为你敲响了警钟，我们希望你特别关注第10章的内容，并在自信的思考方面多下些功夫。

## 坚 持

你可能还记得，我们用一个小故事开始了我们的第5章。这是一个关于加利福尼亚州北部一个叫"老年拾穗者"的运动及其创始人霍默·法赫尔纳的故事。还记得法赫尔纳关于面对拒绝一定要坚持的谈话吗？"首先是坦诚地劝说。当庄稼成熟以后，走出去，找到人你要找的人，并且坚持不懈地劝说他们加入我们的组织。因为每个拒绝你的人可能都会有一个充分的理由，所以要坚持、坚持、坚持。"

的确，坚持——继续——是自信地自我表达的关键要素。不要放弃。不要说："哦，好吧，这件事我无能为力。"不要得出类似"你不值得去做"的结论。因为这真的值得你去做，而且很多事情你都非常有可能做好。

本书中所讲的很多方法都有立竿见影的效果。良好的目光交流和恰当的手势，大声而清晰地说出你要传递的信息，会使你迅速得到你期盼的回报：提升、改进服务、偿还欠款、邻居的吵闹声小一些……但是，有些情况的确需要长期的努力。你可能需要像法赫尔纳先生所说的那样，"坚持、坚持、坚持"。

顺便说一下，我们的意思并不是要将曾经流行一时的"打破纪录"法改头换面之后再推荐给你。这种方法只是建议你一遍又一遍地用同样的话简单重复自己的请求。我们认为那是无效的，也是不妥当的。事实上，遇到这种情况，对方可能会当着你的面嘭地一声关上房门。当我们鼓励你"坚持"的时候，我们的意思与艾伦·艾尔达对女儿的劝告非常接近："公平待人，但也要始终要求别人公平待你。"

一定要坚持，坚持。

多伦多约克大学的道尔顿·凯赫博士在他的视频课程《有效沟通》中，这样说道：对你想要改变的事情提出请求。认可对方的反应。再次提出请求。认可对方给出的"真相"（"我理解你怎么会有那种感受"）。坚持！

要想让市政当局修补你们街道上的大坑，你可能需要不断地拜访有关部门，也许还要拜访市政方面的有关领导，甚至还可能要到市议会门前去示威。坚持！

想让你的老板针对性骚扰制定相关规定，或者对歧视性待遇进行补偿，或者改善不安全的工作环境，可能需要你不断地拜访人力资源部门、在公司会议上提出自己的主张，或者到老板的办公室与他私下进行会谈，或者向工会代表投诉。坚持！

想让你买到的"不合格产品"得到妥善的维修——或者更换——可能意味着你要与经销商服务经理、总经理、老板、厂方地区代表、厂方公关部门、公司的副总裁或总裁，或者其他有志于保护消费者权益的人（比如州政府官员或电视、杂志、报纸媒体的名人）联系。坚持！

要想让退伍军人管理局和国会改善对患有创伤后应激障碍的越战老兵的精神卫生治疗，就可能意味着要不断写信、请愿、拜访选区办公室、拜访联邦政府，甚至上街游行。坚持！

当然，本书中提到的自信行为的全部构成要素——语言、目光交流、身体姿势、手势、声音等——都适用于这种情境。坚持只是意味着必要时就不断应用、不断应用、不断应用！

## 内容

我们之所以把"内容"这一显而易见的要素留到最后，是为了要强调，尽管你所说的内容显然很重要，但通常并不像大多数人普遍认为的那么重要。很多人因为不知道该说什么，而在说的时候犹犹豫豫。有些人则发现，把自己的感受练习着说出来是非常有益的一步。我们鼓励诚实而自然的表达，这意味着有力地说出："你刚刚做过的事真的让我感到生气！"而不是："你这个狗娘养的！"

语言技巧通常是为了用来处理一些问题，比如说不、争取权利、表达热情和关心的感受、表达愤怒、承认焦虑、与难相处的人打交道、回应批评、处理在职关系、设立限制、质疑权威，以及在面对阻碍和其他一些要强调内容的情形时坚持自己。

所以，让我们深入研究一些把自信信息的内容"分解"的有效方法。

❖ "我句式"。我们鼓励你表达自我——并对你自己的感受负责；不要因为自己的感受而去责怪别人。注意上例中"我感到生气"和"你这个狗娘养的"两句话之间的区别。没有必要为了表达自己的感受（自信的）而去羞辱别人（攻击性的）。用"我句式"表达你自己的感受，而不是把自己的感受归咎于别人。你的感受是你自己的，这么说肯定没错。

用"我句式"表达自身的感受是加利福尼亚心理学家、畅销书《父母效能训练》（*Parent Effectiveness Training*）的作者托马斯·戈登（Thomas Gordon）博士的创新。戈登博士就父母与孩子之间的交流问题提出了"我句式"的概念，但很快发现它能适用于所有人际交往领域。这一概念只是让对方了解你对他的行为的看法。对方会将"我句式"解读为你只是陈述自己的看法，而不是对他进行谴责或评价。因此，再次强调，"我感到生气"传递的信息比"你这个狗娘养的"更清晰、更有效。同理，"我很受伤"也比"你不公平"显得更坦诚。

顺便提一下，戈登博士并不推荐用"我句式"表达愤怒，他认为"我句式"中夹杂着隐含的"你"：为了你自己的愤怒而暗暗谴责别人。我们不同意这种观点，但是我们认识到，通过更好的措辞来明确地表达你的感受，有其潜在的价值："你刚刚做的事让我感到生气，因为你在别人面前批评我，让我觉得你对我不尊重。"

❈ **分类**。心理学家梅雷斯·库雷（Meles Cooley）和詹姆斯·霍兰德思沃斯（James Hollandworth）为自信表达设计了另外一种模式。他们将7个要素归入三个大类中：

说"不"或坚持立场，包括阐明自己的立场、解释你的理由、表达你的理解。

请求帮助或申明权利，可以通过点明问题、提出请求以及澄清事实的方式来表达。

表达感受，通过说出你在某一情境下的情感来实现。

（你会发现，与你的练习伙伴一起或使用录音机按照上述三种分类进行练习，是很有用的。）

❈ **共鸣**。通过与对方在语言上谐调一致——共鸣——你可以很好地实现交流目标。语言学家舒泽特·黑登·埃尔金（Suzette Heiden Elgin）博士在她广受欢迎的系列丛书《言语自卫术》中，就语言的共鸣问题做了深入的探讨。她把有效的人际交流比作调试乐器，调试时你需要有一个标准可循（比如一个电子调音器），你必须逐渐调整你的"音叉"，最终调到与这个标准相一致。同样，在交流时，你的语言和非语言风格也可以很好地进行调整，直到能够与听你说话的人合拍。

实现共鸣的一个技巧是，根据对方的感觉偏好对自己进行调整，包括对方的视觉、听觉、触觉、嗅觉和味觉。一个人可能会说："我看到你的意思了。"而另一个人说："我听到你说的了。"这样，两个人表达的意思就可能完全一样了。

（你会看出来，这里所说的与我们前文提到的人脑中所谓的"镜像神经元"是相似的。在与别人交往时，我们其实是靠"镜像神经"这一网络系统来模仿对方所表达的感受的。）

这一理念能帮助我们学会"读懂"我们的听众，并通过鼓励他们对我们所发出的信息积极地回应，来进行语言和非语言的交流。若能在尊重伦理的情况下谨慎使用，这些方法可以成为增进交流的重要工具。（不用说，这些方法完全有可能被滥用！）

❖ 目标听众。这是关于内容的进一步论述。心理学家唐纳德·奇科（Donald Chico）是我们的邻居，也是我们以前大学同一个系的同事，他从一个非洲裔美国人的角度发表了对自信的看法，指出了对自信进行调整以适应自己文化背景的必要性。这一点对于那些正在为生存而挣扎的少数族裔来说更是如此。奇科强调，你说的内容必须考虑到你正在跟谁说话。比如，在相同的亚文化中，某一语言可能被认为是自信的，而该亚文化之外的其他人则可能将它理解成攻击性的。不过，这个话题是非常复杂的。

比如，对面部表情的跨文化研究（参见本章前面讨论的保罗·艾克曼的研究）表明，表情表达的各个方面既有普遍性，又具有文化差异。个体差异可能比文化集团之间的差异更为明显。

我们并不建议你，不论面对什么环境都要为了适应而改变自己。不过，任何人都需要根据自己的角色以及所感觉到的别人给自己的"压力"，针对每个个体的特点采取不同的方式与对方交流。我们希望你做你自己；诚实地保持自己的最佳整体风格。

自信并不依赖于高超的语言技巧，但是很多人似乎难以找到"恰当的措辞"。我们不会向你推荐自信表达的特别模式或范本，因为我们更希望看到你使用自己的语言。我们希望你现在已经清楚地知道：信息的传递方式比措辞更重要。有些患者能够向我们绘声绘色地讲述自己在特定情境下的感受，但令人诧异的是，他们仍会向我们请教："面对这种情况我应该怎么说呢？"我们的回答通常是："对我怎么说，对他就怎么说。"其实，你知道"正确的措辞"，只不过你自己没有意识到而已。

不要误解我们的意思；内容并不是不重要。人们说话时"卡壳",通常并不是因为说话的内容,而是因为紧张、缺乏技巧,或者认为"我没有权利……"。

你可以设想能够体现表达自我的方式的重要性的各种情境。与其花费时间考虑"恰当的措辞",还不如把这些时间用来表达自我呢!你的最终目标是以最适合自己的方式表达自我——真实地、条件允许的话自发地——以最适合自己的方式。

最后,把这个关于内容的想法储存起来:内容并不是只与你有关。表现出对他人的兴趣和关心,与你为坚持自己的主张所做的任何事情都一样重要。

## 检查一下你的"综合能力"

我们希望本章的内容能够让你对自我表达有一个比较系统的认识,并且为自己增进自信的过程设定一些目标。为了增进你对自我表达的各个构成要素的了解,我们建议你现在花几分钟时间做一个简短的练习:

将你的日志翻到空白页,在空白页上画上14条线,每条线之间大约相隔半英寸(如果你的日志本太小,用两页)。

每行标注一个本章中提到的自信表达的构成要素(目光交流、面部表情等等)。

将每行分为6个小段(在中间画条竖线,然后用相同的竖线将每半边分成三部分)。

在空白页最上方偏左的位置写上"我需要下功夫",在最上方中间的位置写上"我还可以",在最上方右侧写上"我很出色"。

或者,如果你愿意,也可以复印本书第95~96页的表格。

现在,对你的自我表达的每个构成要素的满意度进行评估,并在表格中相应的位置做上记号。比如,你对自己的目光交流感到满意,在大多数情况下觉得自己面部表情还可以,而在手势的运用以及声音方面还需要下功夫。如果你真的能言善辩,那么你可以认为自己在这方面很出色。建议你花上足够的时间重新阅读一下本章对每个构成要素的描述，并给自己一个全面的评估。请按照前面的要求，把阅读和整个评估过程在日志中记下来。

这种粗略的自我评估肯定是不太精确的，如果想让评估更加精确，还需要你对自己的技巧做一次更"全面的"评估。（记住，自信是因人因事而异的。）然而，我们相信，在你提高自信技巧的过程中，给自己这个"基准"，然后每隔几周翻看一下之前的评估——也许要不断地重复这个练习并记到你的日志里——将是十分有益的。

## 自信行为要素自我评估

**目光交流**

我需要下功夫　　　我还可以　　　我很出色

**身体姿势**

我需要下功夫　　　我还可以　　　我很出色

**距离和身体接触**

我需要下功夫　　　我还可以　　　我很出色

**手势**

我需要下功夫　　　我还可以　　　我很出色

**面部表情**

我需要下功夫　　　我还可以　　　我很出色

**语调**

我需要下功夫　　　我还可以　　　我很出色

语气

| 我需要下功夫 | 我还可以 | 我很出色 |

音量

| 我需要下功夫 | 我还可以 | 我很出色 |

流利程度

| 我需要下功夫 | 我还可以 | 我很出色 |

时机

| 我需要下功夫 | 我还可以 | 我很出色 |

倾听

| 我需要下功夫 | 我还可以 | 我很出色 |

思考

| 我需要下功夫 | 我还可以 | 我很出色 |

坚持

| 我需要下功夫 | 我还可以 | 我很出色 |

内容

| 我需要下功夫 | 我还可以 | 我很出色 |

重要的不是说什么，而是怎么说

## 自信行为的构成要素

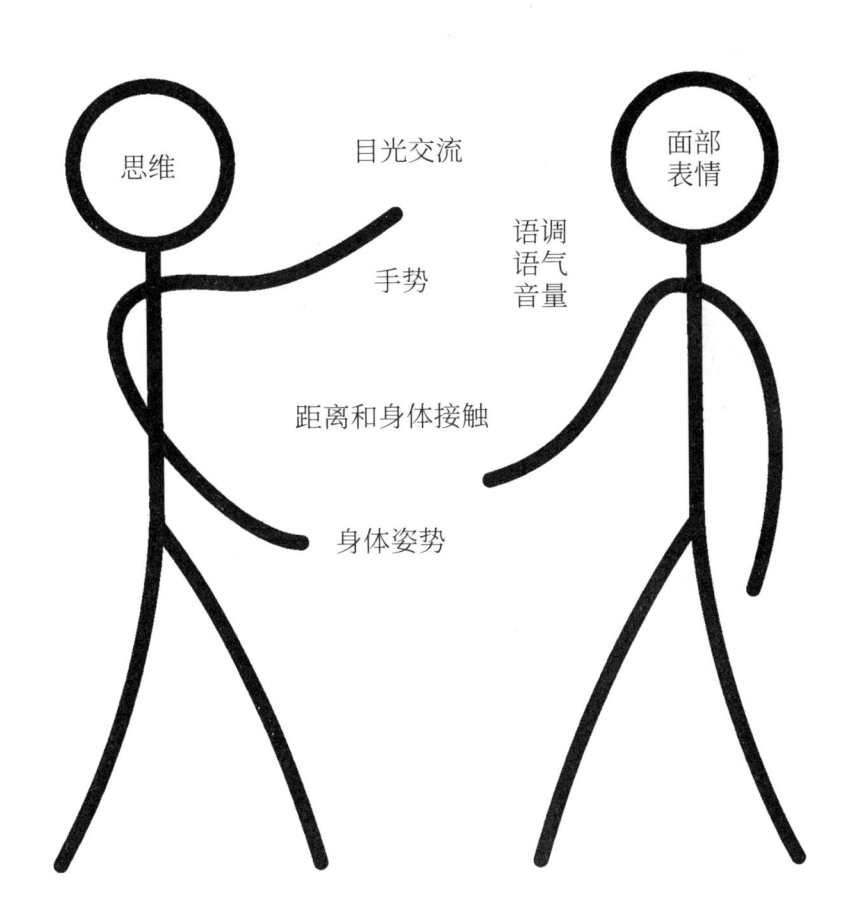

思维　　目光交流

　　　　手势

语调
语气
音量

面部
表情

距离和身体接触

身体姿势

倾听……内容……流利程度……时机

# 第 9 章

# 自信的信息——21 世纪的风格

> 电子时代对语言的影响,对我们所有人来说都是很明显的,尽管这个进程才刚刚开始,但其最终的冲击力是不可想象的。
>
> ——琳恩·特鲁斯[①]

在前面几章中,几乎所有的观念都是假定你正面对着另一个人——你的配偶、家庭成员、老板、同事、邻居、陌生人、老师或者售货员。我们强调过利用非语言行为因素(例如目光交流、身体姿势、手势和面部表情)传递信息的重要意义。

然而,事实上,21世纪的人际交流在很多时候是远程的,而不是面对面的。我们在电话里聊天,发电子邮件或即时信息,通过在线博客或邮件列表管理系统互相留言,或偶尔互相写信。这种沟通大都是私下的或匿名的,但还有很多是很开放的,比如通过MySpace、Facebook或者YouTube这些网站向全世界展示自己。

事实上,新兴的交流技术不胜枚举,包括手机、电脑、PDA、iPod、黑莓、蓝牙之类的硬件产品,以及电子邮件、网页、博客、文本信息、即时消息、YouTube、MySpace、Facebook、Twitter等在线应用软件。当你读本书时,谁知道又会出现什么新技术呢?年轻人告诉我们:"电子邮件是给老人用的,我们现在都用IM(即时信息)。"

---

[①] 琳恩·特鲁斯(Lynne Truss,1955— ),专栏作家,英国BBC广播电台文法节目最具权威的主持人。——译者注

另外，即使当我们面对面的时候，大多数人仍然避免接触。在闹市闲逛或者走进一个购物中心，或徒步穿过一个大学校园，或在餐厅、图书馆坐一会儿，仔细观察你身边的人，你是否发现每个人都在用手机与某地的某人交谈？似乎极少有人真正注意自己周围的人或者与人进行目光交流了。

一个同事最近告诉我，他发现自己的女儿和她的朋友们——三个孩子都是12岁——在同一个房间里通过即时消息互相"交谈"。

那么，对于今天有多种沟通方式的人们来说，自信又意味着什么呢？

## 如何发出信息

事实上，我们可以通过无数的方式传递自信的信息。你选择的方式取决于你的目标受众、你要传递的信息的类型和时限，以及其他可变因素。

❖ 你是否正在与你的爱人或朋友、你经常见到的人、你极少或从未见过的人、网友或同事、某个组织或机构说话？你与对方的关系越亲密，你所使用的方法就越重要。

❖ 你所发出的信息的性质是什么？你是向你的爱人、朋友或家庭成员发出信息吗？你是在作为一名顾客因受到怠慢而表达你的愤怒吗？你有一个政治观点要发表吗？与说"我反对你对待雇员的方式"相比，说"我想你"需要更多的个人技巧。

❖ 直接接触也一样。你现在是不是正在与人面对面？过了今天，你还会见到这个人吗？你的自信信息的受众是不是离得很远，只有通过远程交流的方式才能送达？

远程交流的可能方式多得难以想象，也并非都是高新技术。我们不能忽略那些"旧式的"交流方式，比如信件、便条、给编辑的信、报纸广告、演讲或讲座、广播电话热线节目、有线电话、公告牌、电台广告、公共服务告示、标语牌、示威游行、新闻稿，以及空中文字（不要笑，还有人在天上求婚呢！）。

有些方式的效果可能比其他方式更为显著，但本书的目的并不是给你一份远程联系方式的尽可能详细的介绍手册。显然，我们在打电话、写电子邮件或"用拇指编写"短信息时，我们所讲的很多交流方式都是派不上用场的，目光交流、身体姿势、手势等都不再适用。面部表情可能在YouTube）中还用得上，但在信件中就没有用了。

但是，等一等！事实证明，身体姿势可能比我们想的更重要。《纽约时报》报道了哈佛商学院最近的一项研究，该研究表明，我们许多人在用手机打电话或发信息时那懒散的姿势，可能会让我们变得没那么自信，也不太可能维护自己的权利。

## 盘点自信

首先，让我们假定自信在任何形式的自我表达中都占有一席之地。如何表达自我仍然是关键，因此我们可以提出一些通过一种或多种方式——包括最新的技术方式——与别人交流时将本书中的原则付诸实践的方法。

无论你正在使用何种交流方式——面对面的、电子数字的、书面的、电话——都需要遵循一些基本原则。尽管你不能通过目光交流、身体姿势、面部表情或手势来传递信息，但是你可以通过其他任何可行的方式让你更有效地"让别人听到"。

让我们以第5章所列的自信行为的主要特征来开始我们关于远程自信交流的讨论。

自信是：

1. 自我表达

2. 尊重他人的权利

3. 诚实

4. 坦率和坚定

5. 惠及人际关系双方的平等

6. 语言（包括信息的内容）和非语言（包括信息的形式）

7. 有时积极（表达情感、赞美和感激）和有时消极（表达限制、愤怒和批评）

8. 是否恰当要因人因事而定

9. 社会责任

10. 自信既是学会的，又是天生的

11. 要尽量持之以恒去实现自己的目标

而且，不要忘记在前面各章讨论过的基本要点。那么，远程的自信交流需要具备哪些特点呢？

## 电话信息

- 语调、语气和音量真的很重要。记住：你的笑容或怒容会从你的声音中听出来。
- 流利真的也很重要。
- 当面不愿说的话，在电话里也不要说。
- 用手机开始或继续非常私密的通话时，要注意私密性。不要在公共场所通话，以免被别人无意中听到。
- 发语音邮件或在电话自动应答机上留言时，对信息的内容一定要深思熟虑。要保持语气的友善——即使你的目的是抱怨或争辩——特别是在你还希望对方给你回复的情况下！

## 书面信息——网络邮件或普通信件

- 在写信之前，认真思考你要向对方传递的信息。如果对方误解了你，你可没有当面解释的机会。
❖ 提出问题并请对方回答，这样对方才能与你保持对话。
❖ 记住，你所写的话对方随时都可以阅读，因此要锻炼你的判断力。
❖ 如果你对自己所写的信息可能传递的意思不太确定，并且不涉及过于私人的话题、可以与人分享，在寄出之前找个朋友或同事帮你判断一下语气是否妥当，这将是一个有益的尺度。
❖ 当面不愿说的话，在信里也不要说。
❖ 如果你必须批评或不同意对方的信息或邮件，要私下里向对方直接说明，就像你当面批评或不同意一样。至少在第一回通信时要这样做！
❖ 尊重对方的隐私。不要转发隐私的信息。如果你正在同时与两方通话，请不要把这些信息抄送给别人。在电子邮件中使用"全部回复"功能是非常草率的。
❖ 把你的电子邮件设置为"不要立即发送信息"。在点击发送按钮之前，永远要给自己留出一次或多次重读邮件内容的机会。
❖ 在点击"发送"按钮之前，要检查一下你的收件箱，以确保没有收到一个关于澄清、道歉或撤回的邮件。
❖ 使用 *、**黑体字**、下划线、*斜体字*、大写字母、表情图标，或者其他代表情感的图标以强调重点或表现情感是很有效的方法，但使用时要有节制。例如，大写字母只能用来强调一两个单词。一个朋友告诉我说："一个董事会成员在给我的电子邮件中通篇都用大写字母，这让我总是感觉她在**对我吼叫！**"
❖ 不要滥用缩写，以免被人误解。
❖ 当阅读你收到的一条信息时，要记住，不是每个人都能很好地通过文字表达自己。他发来的文字信息可能生硬而粗糙。在弄清对方真正要表达的意思之前，不要感情用事。

**自我表达的网络工具之一：表情图标和表情符号。**表情图标是代表信息的符号，用于表达某种情绪，因此又称为情感符号。这些组合而成的符号侧面看上去有点像人脸上的表情。卡耐基·梅隆大学的斯考特·法赫曼（Scott Fahman）教授因发明了这种数字交流的方式而广受好评。据他说，他在1982年首次发送了这些符号。

下面列了一些常用的图标符号，你可能见过这些符号，也可能想把它们应用到自己的信息中去。

| | | |
|---|---|---|
| :-) 或者 :) | = | 微笑或高兴 |
| :-( 或者 :( | = | 皱眉或忧愁 |
| :-D 或者 :D | = | 咧嘴或张嘴笑——开怀大笑，通常指笑出声 |
| :-p 或者 :p | = | 吐出舌头笑——通常代表英语中的谚语"吐舌头"，表示不诚恳的、不能当真的意思 |
| :-S 或者 :S | = | 困惑的笑 |
| ;-) | = | 眨眼 |
| 〉:-( 或者 :@ | = | 发火 |
| 8-0 | = | 震惊 |
| :o | = | 吃惊 |
| :-$ | = | 尴尬或困惑 |
| :-\| | = | 失望或漠然 |

类似的符号在日常应用中还有很多。你可以找到很多有创意的符号去表达自己的感受。表示害怕、兴奋、疲惫、友爱或者自信的符号又是什么呢？

斯坦福大学的克里福特·纳斯教授指出："表情图标可以折射

出语言的原始意义——使人们能够表达情感。"它们虽然不完美，但仍不失为一种在数字交流过程中代替语调和其他非语言表达方式的便捷工具。很多人在手写的信件中也喜欢使用这些符号。

表情符号尽管与表情图标类似，但表情符号是实际的图片——通常是卡通风格的——而不是印刷的字符。它们对于特定的应用程序来说也是独特的，所以更复杂的问题是，Facebook、Twitter、谷歌和其他应用程序每一个都有它们自己的表情符号，而其他系统的软件可能并不支持这些表情符号。如果你用iPhone发送一个苹果系统的表情符号，你朋友的安卓系统可能根本无法准确地显示它。

**自我表达的网络工具之二：清楚的书面表达。**是的，我们知道，写作风格和语法都是相当枯燥乏味的。你只不过是想说点什么，是吗？但既然是想说点什么，你难道就不想让对方真正了解你想要表达的意思吗？

我们最近听到这样一个故事，一个高中生给朋友发了一封电子邮件，但因为意思不明确而招致误解，结果差点儿失去了这个朋友。这个高中生说："我使某个人感到非常生气，因为他认为我在某个话题上讽刺他，而实际上我是很认真的。所以，如果有疑问，或者你觉得可能会产生疑问，一定要认真澄清。"在我们看来，这是个好建议。

《吃，开枪，然后离开》是英国和美国最畅销的图书之一，尽管事实上这是一本关于标点符号的书！作者琳恩·特鲁斯（用这个令人费解的书名来强调普通的逗号的重要性。（这个书名源自对大熊猫的进食习性的描述；这些熊类动物并不是真的吃完了就开枪，是吗？）特鲁斯用这种方式强调了澄清要传递的信息的意思这一问题：

"……你是不是经常听到有人抱怨电子邮件把声音特有的语气给省略掉了，因此很难弄清对方到底是不是在开玩笑？……当然，人们用了很多虚线、斜体字和大写字母（'I AM joking！'）来弥补。这也是他们热衷于使用表情图标的原因——这是自查理曼大帝统治时期发明问号以来，在标点符号方面最伟大（也许是最令人绝望）的进步！"

为了进一步说明自己的见解，特鲁斯又举了下面的例子：

"一个女人，没有她男人，什么也不是。"
"一个女人：没有她，男人什么也不是。"

由此可见，我们忽视标点符号有多么危险！

**自我表达的网络工具之三：缩略的表达方法。** 随着文本信息、即时信息以及电子邮件的出现，为了加快交流的速度，一种全新的缩略语便应运而生了。我们必须再一次提醒你，这种简单的语言使用越多，你被误解的几率就越大。在上述提醒的基础上，我们列出了一些网络交流时经常用到的缩略表达方式。

## 上网的孩子们

如果你家里有孩子，你就会知道这些未来的一代与网络结合得多么紧密。前面说的所有媒体方式——手机、iPad、文本信息、个人空间、博客等等——在年轻人当中都特别流行。事实上，像我们这些超过40岁的人大概都曾让某个18岁以下（也可能是12岁以下！）的年轻人教自己使用这些新奇的玩意儿。

在"远程"自信交流中，一个值得注意的问题是安全。特别是对年轻人来说，在网络虚拟空间中与陌生人接触所要冒的风险是实实在在的。事实上，谨慎的儿童安全监护人甚至提出了关于这些

## 常用在线交流缩略用法

**AFAIK** As far as I know（据我所知）

**ATM** At the moment（目前）

**AYT** Are you there?（在吗?）

**BBL** Be back later（稍后回来）

**BFN** Bye for now（再见）

**BRB** Be right back（很快回来）

**BTDT** Been there, done that（在其位，谋其职）

**BTW** By the way（顺便说一下）

**CUL** See you later（再见）

**DETI** Don't even think it（想都别想）

**F2F** Face to face（面对面）

**FWIW** For what it's worth（个人意见，姑且听之）

**FYI** For your information（仅供参考）

**GAL** Get a life（别那么无聊）

**IANAL** I am not a lawyer, but…（我不是律师，但……）

**IMHO** In my humble opinion（依我愚见）

**IOW** In other words（换句话说）

**JK** Just kidding（开玩笑，别当真）

**JOOTT** Just one of those things（在所难免）

**LMAO** Laughing my ass off（笑破肚皮）

**LOL** Lots of luck or laughing out loud（幸运之至或大声笑）

**MYOB** Mind your own business（不关你的事）

**N2M** Not too much（跟上面的差不多、不要太多）

**OIC** Oh, I see（哦，我明白了）

**OMG** Oh, my God!（哦，天哪!）

**OTOH** On the other hand（另一方面）

**PAL** Parents are listening（父母正在听）

**PMJI** Pardon my jumping in（请原谅我插话）

**RL** Real life（现实生活）

**ROFL** Rolling on the floor laughing（笑到打滚）

**TTYL** Talk to you later（一会儿再和你说）

**TU or TY** Thank you（谢谢）

**WFM** Works for me（正合我意）

**YT** You there?（在吗?）

风险的"4P"概念，即隐私（privacy）、捕食者（predators，即主动侵害儿童的施暴者——译者注）、色情（pornography）、弹出窗口（pop-ups）。简单地说，帮助你的孩子处理好这些有关网络或电话的问题是非常必要的，就像你指导他们处理现实生活中的各种问题一样。

不要制定"不要与陌生人说话"这种简单的规矩。你需要就他们可能遇到的问题，具体指出你希望他们作出怎样的反应。比如，一个在Myspace或Twitter网站上结识的"朋友"，向你询问个人信息或要求见面时，该如何处理？某人为了给你邮寄礼物或生日贺卡而向你索要家庭地址时，该如何处理？（提示：回答应该是"不需要。"）

在网络空间中，不只是陌生人才会给你带来麻烦。并非所有的恶棍都是在孩子们放学回家的路上游荡，有些人正在计算机上对你的孩子虎视眈眈呢。据最近的推测，每年大约有40%的青少年经历过各种形式的"网络暴力"。骚扰性的短信息、发布在MySpace或YouTube或其他网站上的下流的留言、社区或学校网站上流传的各种流言蜚语或者其他形式的侵扰，都是很常见的，对于孩子来说，遭遇这些东西至少和在学校里挨揍是一样令人痛苦的。

如何对付这些恶棍呢？就像日常生活中一样：尽量忽视他们的存在；必要时自信、勇敢地面对他们；向当局报告（对网络暴力而言，可能意味着要联系网站或互联网服务提供商）；要争取主动，让那些招惹你的家伙知道你的厉害。

我们把所听到的、可以帮助你的孩子们对付网上骚扰的各种最佳建议归结为下面几条：

❖ 网上联系只能局限于网上。

❖ 永远不要把你的姓名、家庭住址和电话号码、学校或父母工作单位的名字，以及其他任何个人信息发布在网上。

❖ 要记住，成年人在网上有可能冒充儿童。你可能正与一个

40岁而不是14岁的人聊天——永远不要在意他说什么。

❖ 说"不"或者"不，谢谢！"永远都没错。

❖ 永远不要回复网络弹出的广告或邀请。

❖ 在网上交流时，要像在现实生活中一样使用你的自信技巧：说"不"、做自己的事、保护自己和家人的隐私。

❖ 牢记前面和本书其他地方所讲的自信交流的指导意见。

在本章中，我们稍稍偏离了本书的主要内容，对各种新兴交流方式做了一番探讨，这是因为，我们认为，不遗漏各种交流方式所传递的信息是十分必要的。不管你是用什么方式——最新的高科技发明或网络系统，或者"老式的"谈话、信件——维护自己的权利，我们都不希望你忘记最重要的事情：在尊重对方的情况下表达自我。

在你接打电话，收发即时信息、电子邮件、普通邮寄信函时，要确认你的信息是清晰的，能正确表达你的真实意思，并且，当你尽力实现自己的目标时，这些信息能体现出你对对方的尊重。而且，与你交流的人对你也要同样尊重。

# 第 *10* 章

# 自信地思考

> 如果一个人只能看见巨人，那就意味着他仍然在以一个孩子的眼光来看这个世界。
>
> ——阿娜伊丝·宁[①]

你可能会说："也许我不像自己希望的那样自信。但是，我学不会那些新玩意儿。我就这样了，改不了啦。"

我们不同意这种说法。数以百万计的人已经发现，改变是可以做到的。变得更自信是一个学习的过程，对我们中的一些人来说可能要花更长的时间，但是你可以掌控这个过程，并得到丰厚的回报。

正确看待自信是非常重要的。思想、信念、态度以及感受是行为的基础。你的大脑需要做好准备，随时对每一种需要自信行为的新环境作出回应。消极的态度、错误的信念、自责的想法都会阻碍你的自然流露，使你退缩不前。"你认为自己是什么样的人，你就能成为什么样的人。"（甚至比"你吃什么"更重要。）让你的思维更直接吧，这将是帮助你变得更加自信的巨大源泉。从今天开

---

[①] 阿娜伊丝·宁（Anais Nin，1903—1977），20世纪著名女性文学作家、精神分析学家，生于法国巴黎近郊的纳伊市，后加入美国国籍。1930至1940年留居巴黎期间，同美国作家亨利·米勒及其夫人琼·曼斯菲尔德过从甚密。宁不仅是米勒的情人，还爱上了他那绝美的夫人琼。1966年，63岁的宁将这段早年生活的日记改编成小说《亨利和琼》，文坛上将此书誉为"本世纪最有价值的忏悔录"，作者也因此被誉为20世纪最重要的女作家之一。——译者注

始就摆脱那种自取失败的想法吧！

在这一章中，你将会看到一些"鼓舞士气的话"和一些能够帮助你审视与自信相关的思考过程的具体方法。要认真思考我们在这里讲的内容。我们可能会挑战你对生活的一些固有想法。

## 自我表达与大脑

我们从事这方面的教学和写作已经50多年了。你可能会认为，所有该说的我们都已经说得很全面了。但是，这方面似乎总有新发现，而且有些新发现是非常令人震惊的。比如，在过去的20年里，大脑研究人员——神经科学家——在大脑研究方面做了很多工作，他们把与广泛的生活环境以及面对这些环境时的感受或反应相关的人类大脑活动绘制成了图谱。这些大脑与行为的关系的基础，既包括我们与生俱来的大脑"硬件"，也包括一系列令人难以置信的（的确如此！）在终身学习与他人打交道的过程中发展起来的神经回路。今天，这一理论表明，尽管社会行为模式在我们的大脑中根深蒂固——因为我们年复一年一遍又一遍地重复着这些模式——但是，我们仍然可以通过积极的努力学会新的模式。

让我们冒着把遇到某种社会情境时的大脑活动过于简单化的风险，设想大脑本身的两个关键组成部分在互相交谈。扁桃型结构是大脑中的情绪中心，其外形很小，有点像杏仁，位于大脑底部靠后的地方。大脑的眶额皮层（简称OFC），是主要的情绪调节器（但不是唯一的）。当它收到扁桃型结构传来的信号后，即开始思考和评估。眶额皮层通过调节生气、惊骇、羞耻等情绪的持续时间、强度、频度来进行理性控制。

感性的大脑（比如，扁桃型结构）管理自然状态的情绪。理性的、认知的大脑（比如眶额皮层）专门管理经过深思熟虑的认识。心理学家丹尼尔·格尔曼将这两种功能比作大脑中的低速公路（情绪）和高速公路（认知）。高速公路有系统地、谨慎地逐步运行，对我们的"内心生活"进行控制。这两条公路相互交织，并列地、几乎同时发生作用，不过低速公路的扁桃型结构发挥着更直接的作用。

想象一下，10万年前，你走在一片原始森林里。突然，你发现远处的阴影下有个什么东西在动。你大脑里的第一个反应大概就是害怕。你的扁桃型结构发出了一个求生的信号："这里有危险，附近有很多危险的肉食动物。最好还是逃吧，或者找个地方躲起来，或者找件武器。"而眶额皮层对这些危险信号进行解码，并从长计议："是的，可能会有危险，但又不太像。我今天把这附近都走遍了，确信这周围没有什么肉食动物。不过，我还是要谨慎小心，最好停下来细心观察一会儿。另外，如果那真的是个危险的食肉动物，我大概无论如何也跑不掉。"

今天，类似的情形可能发生在任何一个城市的大街上，甚至是在森林里。关键问题是，我们的大脑针对我们遇到的情况，总是既情绪化地反应，又理性化地评估。社会与森林有着不同的生存法则，但是大脑对发生的事都会作出既情绪化又理性化的反应。

最重要的是，要认识到，尽管你对某种社会场合最初的情绪反应是焦虑（害怕），但如果你肯花时间去倾听你的眶额皮层对此事的理性评估，你就能够控制自己的情绪。如果你这样去做，你就能够学会有效应对这种场合的技巧。本书的目的也正在于此。

克服不能对社会情境作出精确反应的大脑神经网络模式，是我们终生都要做的工作。对此，我们要铭记于心。现在，让我们开始吧！

## 你对自信的态度

也许你和许多人一样，都有过这样的经历：父母、老师和同伴们对你说："你没有权利……"。现在，我们告诉你："你绝对有权利……"。维护自己的权利是一件美好、正确、理所当然的事情。如何去面对这些相互矛盾的信息呢？相信你自己。多多实践。为了你自己，你必须努力！

你的态度将会对你的自信的成长产生助力或阻碍。如果你能够顺应这种真实的自我表达过程，你将会以享受的心态去面对每一个新的挑战。不要让消极态度阻碍你的成长。

也许你正在设想冒险处理人际关系可能产生的各种"可怕的后果"。（"哦，天哪，会发生什么事？也许他会揍我！也许她会离开我！"）要知道，偶尔忽略这些多余的谨慎是妥当的，这将是你迈向目标的一小步。

你可以掌控自己的成长进程，指引你自己向着积极的、自信的方向发展。你将发现，你的态度会随着你的行动而改变。这些结果可能会令你感到惊奇。别人积极的回应、更加良好的自我感觉、实现自身目标，将是你表达自我和维护自身权利的回报。要重视这些积极成果；它们将在你实践新的技巧时为你提供重要的支持和鼓励。

## 你对自己的态度

当你获得成功的时候，你会祝贺自己吗？当你失败的时候，你会诚实地承认自己的不足，并且潇洒地自嘲吗？当你实现某个个人目标时，比如通过了学院的考试或完成了家里房间的改造工作，你会表现得兴高采烈吗？当你把工作做得很出色时，你会允许自己因满足而感到愉悦吗？当你做一些让别人高兴的事时，你会怎样呢？

也许你的人生目标就是为他人服务。但是，如果你不关心你自己，你就没有什么能提供给别人！如果你继续抑制你的自我表达，你同样也会失去帮助他人的能力。还记得"像爱自己一样地爱别人"那句话吗？你能很好地爱自己吗？还记得第7章中的"个人成长的行为模式"吗？现在，请重读一遍那一段内容，思考一下如何才能更好地爱自己。

你对自己的态度和你的行为构成一个循环系统。当你自暴自弃的时候，你就更容易自我否定，别人就会把这些看在眼里并作出相应的反应——好像并不需要对你太尊重。当你注意到他们对待你的方式时，你的消极态度将会被进一步放大："我就知道我一钱不值！看看别人是怎么对待我的！"这种自我的循环会继续下去。

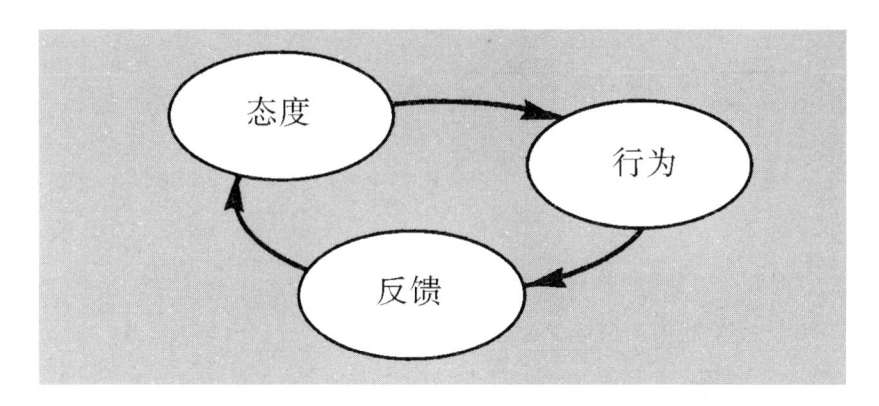

我们希望通过教你——并且"授权你"——自信的行为方式，帮助你打破这一循环。既然你不会为了自己这样做，那么也许你会依照别人的要求去这样行事。自信培训师告诉你："永远不要在意这种感觉有多么奇怪，只管尝试这种新的方法。"当你真的去尝试时，你就会获得别人更加积极的反馈，而这又会反过来改善你对自己的态度。你就会走上正确的道路。

自我价值意识的增强是"态度—行为—反馈—态度"这一循环向积极方向转变的开端。你可以靠自己获得相同的结果——或者也许在克服困难的时候需要一点点帮助——按照本书所说的步骤去做。我们用几章的篇幅为你提供了一个改变自我行为方式的循序渐进的方法。现在，让我们对想法和态度进行一些更深入的讨论。

## 妨碍你坚持自己的权利的各种想法

思考有几种模式，不管是不自信模式还是攻击模式，都是自信的常见障碍。你是否和大多数人一样，曾经说过下面的话——至少偶尔说过一次：

> 我是个失败者。
> 世界对我太不公平了。
> 我是环境的无助的牺牲品。
> 没有人喜欢我。
> 所有人都对我有成见。
> 我的命运攥在别人手里。

或者,另一种模式:

> 我说话的时候,所有人都得洗耳恭听。
> 全世界都得听我的。
> 我不需要任何人的帮助。
> 我不会让他们得逞!
> 这些鸟人!

所有这些念头都是错误的。(有些可能在你的生活中是部分正确的:你——和其他所有的人——有时候会失败。这个世界有时候对我们的确不公平。有时候,我们中的一些人的确很傲慢。)

如果你开始相信这些念头,那就是个大问题了。这种发生在你生活中的扭曲的想法可能源于各种环境。有时候,因为碰巧发生的一些坏事会让人产生生活专门与你过不去的想法。这个想法会植根于你的思维之中,并成为某种"自我实现的预言"。

大多数人都不会经历那种彻头彻尾的人生失败,但我们都曾经历过打击,这段体验至少会持续一小会儿,甚至可能会持续几天、几周的时间。心理医生、作家亚伦·贝克博士总结出了以下常见趋势:

❖ **低估自己的倾向。**你可能已经失业一段时间了,你可能在学校的表现很差,你可能刚刚结束一段浪漫关系。或者,也许你对自己的评价很低（自我概念）。在任何情况下，不管出了什么问题，你都准备谴责自己。

❖ 夸大问题的倾向。在这种情况下，不太严重的事件往往会被夸大为一场灾难。其实，总的来说，生活中的大多数情况都没有我们想象的那样严重。

❖ 生活中以自我为中心的视角。"每件事都针对我！"是这种倾向的主题。客观的视角可能会告诉我们一个不同的故事，但在受害者的眼里，每件事情都是错误地针对他或她的。

❖ 认为生活没有太多选择。"好-坏、黑-白、是-非"的概念会明显地限制我们的选择空间。事实上，在大多数生活情境中，总有很多种选择。

❖ 认为自己既脆弱又无助。"我怎么可能解决生活中的所有问题？"如果你能把这些问题分解得足够小，你就可以有效地处理它们。

## 处理思维模式的有效方法

人们开发了一些处理思维模式问题的杰出方法。最有效的三种是：应激接种法、思维暂停法、正向自我陈述法。

### 应激接种法

这类"接种"不仅能将预期压力最小化，还能够用于处理压力。

假设你将面对某个你预先知道会对你产生压力的场合，比如一个关于工作绩效评估的面谈。你的主管是个说话很快的人，而且不是一个好的听众。过去，他总是弄得你既紧张又烦躁。

这次，你要进行自我接种：预先给自己拟份关于这一场合的稿子，然后像个聪明的顾问一样对自己讲这份稿子上的话。下面是个例稿：

> 当你面对绩效评估时，要放松。别让自己的情绪受到干扰。心烦意乱是没有任何好处的。记住你的主管的风格，并要做好准备。当你对主管说的话有疑义的时候，要坚定而礼貌地提出你的疑问。要求对方为你提供进一步思考的时间。对主管忘记的事情，要大胆地进行说明。做好列举自己成绩的准备。你能处理好。再来一次深呼吸！没事的，不用紧张！如果发生意外，那就随遇而安。这在你整个生活中不过是小事一桩。

你一旦有了一篇量身定做的稿子，在真实场合到来之前，要大声地把稿子念上几遍。特别是在你开始感到过分担忧或过度焦虑时，念上几遍会有不错的效果。记住这篇稿子的要点，这样你就可以在真实场景（比如面谈）中默念其中的关键部分。如果你发现自己的自信心有所下降，就想想那些关键信息吧。

希娅是我们的患者之一。她和丈夫感情破裂，双方不得不在法庭上相见。在法庭上，希娅成功地将这种方法付诸了实践。希娅知道自己可能会在法庭上崩溃，而一旦崩溃，就会毁了自己获得公平裁决的机会。她事先为自己写了一份应激接种的稿子，并且经常用它进行练习。当她走进法庭时，她的丈夫走过来说："嗨。"希娅立刻哭了起来，并跑进了洗手间。在那里，她把她的稿子大声念了几遍，重新拾起了信心。从洗手间出来后，她发现自己能够自然地与他交谈了，在随后的审理中，她也表现得轻松自如。她对这个办法的效果感到十分惊讶。在过去，她可能会一直紧张并哭下去。应激接种法让希娅顺利闯过了一道特别的情感难关。

## 思维暂停法

你经历过某种令人烦恼的情绪或想法持续不断地"穿过你的脑袋"吗？似乎没有任何办法能让它停下来。这时，你就可以用另外一种方法——"思维暂停法"。这是由心理医生约瑟夫·沃尔普发明的。现在，请闭上你的双眼，回忆那些持续困扰你的想法。当这个想法在你的大脑里越来越清晰时，大喊一声："停！"，（要确保附近没有人，否则他们会觉得你有点怪异！）这个想法会真的停下来。这时，马上用一个愉快的想法去替代这个不受欢迎的想法。这个不受欢迎的想法短时间内还会回来，但是，如果坚持重复上述过程，它每次溜回来的时间间隔将会越来越长。很快，这个不受欢迎的想法就不会再出现了。

不过，你用不着不断地到处大喊"停！"，在脑子里无声地喊"停"也同样管用。当然，也许你觉得这么大喊大叫非常有趣，仍然偶尔会想喊上那么一嗓子。

警告：要确定这种不受欢迎的想法真的没有包含什么你不理解的"建设性信息"。你需要对某些不愉快的想法多加注意，并认真解读它们！它们可能会向你提供重要的指引。当然，通过练习、试验和犯错，好的想法和不那么好的想法之间的区别会变得越来越明显。

## 正向自我陈述法

"对大多数人而言，这是我知道的最难的一步。"中学辅导员盖尔·文莱特在一个自信团体会议上这么说，"这就是你对自己要自信：说服自己继续向前，并采取你认为必要的行动！"

如果你的思维被自我否定的"条条框框"和"态度"填满，你的行为也将不会有什么不同。你可能有这种消极的想法："我并不重要。""我的意见不算数。""根本没人对我说的话感兴趣。""如果我说了什么，其结果大概不过是让自己出丑而已。""我真的不确定。""我没权利这么说。"如果是这样，你的相应行动也不会有什么不同——那就是，保持沉默，让别人控制局势！

花上一小段时间，试着让自己说出下列这些积极的话语吧："我很重要。""我的意见算数。""有人会对我说的话感兴趣。""我有权这样说。"在这一点上，你不一定非这样做不可，只要能够把握这种对自己说出正面话语的感觉就行了。

正向自我陈述法其实很简单，只需要想出一些称赞自己的话语，并记住它们，经常重复。其目的是建立自信。例如：

> 我受到朋友们的尊敬和钦佩。
> 我是个友善而有爱心的人。
> 我有工作。
> 我能够很好地对待愤怒。
> 我顺利地完成了学业。
> 若情况需要，我会非常坚定。

你的一些正向自我陈述不一定是完全真实的，但我们希望你在开始时先"编造"一些。（当然，不要编得太离谱。我们不同意那种让你到处对人说"我又有钱又漂亮"的做法。当然，除非你真的又有钱又漂亮。）然后，就当这一切都是真的一样开始行动。把这些话做成小纸条贴在冰箱上，粘在浴室的墙上，或夹在钱包里。不断地提醒自己，你是一个积极的、有价值的人。

你可以将你的正向自我陈述作为思维暂停时的替代内容。或者，也可以把它当作你的应激接种的一部分信息。

在进行了一段时间的积极思维练习之后，你可能希望开始考虑——仍然是在你自己的思维里——如果你将这些积极的思维坚持到底，在那些场合你将采取何种行为方式。比如，你可能会想:"有人会对我说的话感兴趣。"从而希望加入一群人的讨论中去。如果你设想你依照这些想法去行动,你会发现自己在向一个大胆直率的谈话参与者提问。或者,可能你会以"我同意"作为你的开场白。

想一想你能够像一个积极思考的人一样行动的各种方式!

## 别再设想那些最坏的可能

人们经常因为总是设想可怕的后果,而不能够作出自信的反应。"如果这么做,她可能会疯掉。""我可不能说这些,否则他会解雇我。""我会觉得内疚。""她会和我离婚的。""我妈妈总是哭。""我会狠狠地伤害到他。"想象的灾难性后果一个接着一个。一部分大脑加班加点地工作,似乎只是为了阻碍自我表达。

已故的著名心理学家阿尔伯特·埃利斯把这个称为"劫数难逃论"。他指出,这种不理性的认识,损害了我们很好地控制生活局面的机会。在他的《感觉更好,变得更好,活得更好》一书中,埃利斯提出:面对具体情况,我们的思维总是先于情感作出反应。埃利斯描述了很多不理性的观念和想法,这些观念和想法认为生活"应该这样应该那样",它们导致了人们心烦意乱,从而阻碍了正确的反应。这些观念与诸如拒绝、害怕和被不公平对待等生活事件有关。要相信(不用那么理性)世界将会以某种方式变得更完美,停止对自信的抑制吧。

## 我还能为自己的思维做点什么

来自加利福尼亚大学洛杉矶分校的心理学家格雷·埃默里是另外一个受到高度尊敬的认知治疗方法专家。他曾经描述了大量关于改变思维模式和"内心对话"的有效策略和方法。

你可以从中找到一些会对你有所帮助的方法:

❖ 开始了解和重视你自己。对强烈的自我意识——包括你的目标、梦想、感受、态度、信念、问题、局限——的持续探索，将为你自我改进的努力奠定坚实的基础。

❖ 认识并跟踪你的"自动思维"。主要用于面对产生压力的环境时，对所经历的那些无意识的内心对话进行描述。（比如："哦，天哪，这将会……"）

❖ 通过向自己提问，来认清你对某种事件的反应。你的假设有没有什么有力的证据？你的反应是不是合乎逻辑？你是不是把事情过分简单化了，或者过分夸大了？你考虑问题是不是脱离了实际？

❖ 考虑其他可能的解释。从另外的角度看待自己所面对的形势。每次改变一个事实，并看看会有什么结果。

❖ 问自己："那又如何？"事情真的那么重要吗？即使情况真的像你想象的那样糟糕，它所造成的不良后果是永久性的吗？真的有人会受到伤害吗？

❖ 试着用积极的设想来代替。如果你能找出"一线希望"，也许坏消息里会包含着（或者隐藏着）某些好消息。

❖ 认清自己所获得的回报。你有没有从糟糕的感觉中获得一些回报？比如：更多的关注、特别帮助、工作上或学习上的借口？也许有些事件甚至会拓展你的视野？

❖ 问自己，"要是它真的发生了又会如何？"可能带来的最坏的后果是什么？你能暂时像可怕的事件已经发生了一样行动吗？真的像你想象的那么糟糕吗？

❖ 做一些特别的"家庭作业"来改变你自己的思维。回到本章前面的部分，为正向自我陈述法、应激接种法或者思维暂停法的练习制订一个计划。在日志中写下你的计划，然后，做你的家庭作业！

## 有人比其他人更重要吗

本书最重要的目标之一是帮助你认识到，你在人与人的层面上和别人是平等的。是的，世上总是有些人比别人更有天分、更自信、更美丽、更有能力、更富有、更有学问……但是，作为一个人，你像别人一样优秀、一样有价值、一样重要。这是个极其重要的观念。

# 第 *11* 章

# 没什么可怕的

勇敢并不是没有畏惧，而是克服畏惧，战胜畏惧。

——马克·吐温

我对任何社会环境都感到畏惧。甚至在我离开家之前，我就已经开始焦虑，随着逐渐接近学校课堂、聚会地点或者其他地方，我的症状会不断加剧。我会感到自己的胃出了问题，几乎像是染上了流感，我的心会怦怦乱跳，我的手心会开始出汗，我会感到自己正被我自己、被所有人抛弃。

——美国国家心理卫生研究所

本书的很多读者发现——也许你也发现了——焦虑是增进自信的最重大障碍。"当然，"你说，"我知道怎么表达自己！我不过是在表达自己时会感到非常焦虑。这太冒险了。我希望人们喜欢我……"

亿万富翁、投资家沃伦·巴菲特被认为是一个在金融事务方面的天才演说家，被《时代》杂志誉为"世界最具影响力的人物之一"，他是微软公司的合伙人梅琳达·盖茨的朋友。一次，梅琳达告诉《时代》杂志，巴菲特在公众面前亮相时曾感到非常恐惧，为了克服这些恐惧，他不得不忍受巨大的痛苦。他通过参加戴尔·卡耐基的演说课程，摆脱了焦虑，并逐步掌握了演讲的技巧。如今，这一技巧已经成为巴菲特最重要的能力之一。

在公众面前亮相时，你也许会大汗淋漓、心跳加快、双手冰凉。或者，在马上就要参加一个求职面试时也会这样。或者，你因为担心自己话到嘴边说不出口，而不敢向你的老板要求升职。另外，你有没有过在下班回家时故意绕远以避免碰到你的邻居的经历？这个邻居经常求你帮忙，而你却不好意思拒绝。

社交焦虑，也称为社交恐惧症，是心理学家用来形容害怕被他人评判或是感到尴尬的术语。典型的这种情形是在一群人或人群面前讲话（最常见的是恐惧），见到不认识的人，参加会议或派对，在别人的注视下表演或工作——总之，出现在任何可能被批评、评判或拒绝的情形中。

你甚至可能不清楚这些恐惧的真实原因。它们可能是童年经历的结果，比如好心的父母可能曾经教育你说："别人对你说话时，你才能开口。"或者，在你站起来作口头报告时，曾经遭到过同学们的嘲弄。

近年来的相关科学研究证明，受基因遗传影响，有些人天生就是羞怯的，并有着社交恐惧方面的问题。也许你就是其中的一员。有些人生来就沉默寡言，或者有着社交场合恐惧的问题。然而，即使是这些有着天生社交恐惧的人，也可以将其焦虑程度降低到较低的水平，从而使社交场合不再显得那么可怕。

学习自信是减少这种恐惧感的途径之一。尽管如此，若焦虑达到非常严重的程度，则有必要针对焦虑本身进行更加直接的处理。而这正是本章要讨论的内容。

为了克服对自信的恐惧、神经过敏、焦虑以及压力，有必要首先确定是什么诱发了这些反应。一旦你明确了自己的目标，就能够学习各种方法去消除恐惧。所以，我们建议你从探索自己的恐惧开始。准确地缩小令你害怕自信地表达自我的原因范围。用日志系统地对你的反应进行记录，并追踪导致你焦虑（恐惧）程度上升的原因。

## 认清你的恐惧：SUD等级

SUD等级是对焦虑程度进行评估的得力工具。SUD是英文"subjective units of discomfort（不适感的主观单元）"的缩写，是一种将人类对焦虑的生理感受按0~100的数值范围进行分级评定的方法。SUD是已故精神病学家约瑟夫·沃尔普博士的一项重要贡献。

由于焦虑有着生理成份，因此，我们可以通过"收听"身体"指示器"（例如心率或脉搏、呼吸频率、手脚的冰冷程度、排汗——特别是手的排汗和肌肉紧张，以及其他身体指标，但是大多数人往往不会注意到它们），来了解自己在某种情境下的不适等级。

生物反馈训练是一种对具体的身体机能进行测试和报告的方法。所谓身体机能包括心率、皮肤传导率、肌肉紧张程度和呼吸。由于它提供了对人的生理指标的自动监控手段，有时被用于对人的放松或焦虑的研究。

这样试一下：

现在，尽可能地放松——平躺在沙发或地板上，或者全身放松地坐在椅子上，深呼吸，放松你全身的肌肉，想象某种非常放松的情景（比如：躺在沙滩上或漂浮在云端上）。保持这种放松状态至少5分钟，注意你自己的心跳、呼吸、手的温度和干燥程度，以及肌肉的放松程度。这种放松的感觉的SUD值为0，表示接近完全放松。如果你没有做这个放松练习，但在阅读到这里时能够相应地保持平静和舒适，那么你可以认为自己的SUD值大约是20。

在SUD等级的另外一极，让你能够想象出的最吓人的情景在你的脑海中显现。闭上双眼，想象一下你自己从一场事故中惊险逃脱，或者身陷地震或洪水灾难中心的附近。注意那些相同的身体信号：心率或脉搏、呼吸、手的温度和湿度、肌肉的放松度。这些可怕的感受的SUD值可达100——几乎是完全焦虑。

现在，你对舒适/不适度的测校标准有了粗略的了解。这可以帮你评估自己在任何特定情况下的焦虑程度。刻度表上每10个SUD值代表一个"值得注意的差异",表示从原有程度上升或下降了一个数量级。也就是说,70比60要更焦虑一些,但70比80要更舒适一点。(由于SUD值过于主观,以至于不能以低于10个单位的更精确的方式对舒适程度进行定义。)

我们大多数人的SUD值一般在20~50之间。在某些生活场景下,其数值可以在较短的时间内达到50以上。极少数情况下(对我们大多数人来说),SUD值会低于20。

SUD等级可以帮我们认清那些最棘手的生活情境。再强调一次,对自己进行系统的观察可以获得巨大的意外之喜。下面我们将向你介绍如何利用SUD值开发一个"进攻计划",来对你的恐惧进行有效的反击。

## 列出并标注你的恐惧

列举、分组、标注——是从创造性写作这一领域发展起来的方法,它是另外一种处理焦虑问题的有力工具。

首先,从记录或列举那些让你感到恐惧或焦虑的生活情境开始。在你的日志中留出些空白来列出所有对你的自信形成障碍的反作用力,包括所涉及的情境与事件、人物、环境和造成反作用力的其他方面。按前文提到的方法,赋给这个列表中的每个项目一个SUD值。

然后,找出列表中那些类似的、具有相同主题的反作用力,将它们归为一组。现在,如果你要给产生焦虑的因素的每一组进行标注,要根据不同特点给每组取一个恰当的名字。每组都有较为类似的恐惧症状,比如害怕蛇、害怕蜘蛛、恐高,或者害怕封闭的空间。人际交往恐惧症也许是与自信相关的最大问题。害怕批评、拒绝、发怒或攻击,或者伤害他人感情,极大地阻碍了你的自信反应。

你可能会发现某组问题与我们在自信问卷中所列举过的情境近似。不一定是类似"遭到拒绝"这样的典型的恐惧，仅仅是排队或面对推销员就可能让你产生大量的焦虑情绪。也可能是当权者的威吓让你感到焦虑。显然，如果你的焦虑已经存在很长时间了，也就谈不上什么恰到好处的自信了。

现在，让我们对恐惧做进一步分析。在标注过的每一组中，根据其各个项目的SUD值进行排队。这样你就有了一个粗略的清单，可以按照优先顺序（从最小一直到最困扰你的内容）去对付你的焦虑了！一般来讲，减轻或克服那些最困扰你的问题，是你进一步发展你的自信技巧的最佳切入点。

下一页中的日志模板，清晰地说明了这个过程。

## 克服焦虑的方法

既然你对阻碍你自信的各种焦虑情绪有了清晰的认识，你可能打算要开始克服焦虑的行动了。有很多有效的克服焦虑的方法。由于已经有了专门研究这一问题的书籍，所以我们在这里只粗略介绍一些常用的方法。希望你能够从其他资源获取更为详细的信息。

### 系统脱敏法

50多年前，自信训练先驱、精神病学家约瑟夫·沃尔普和心理学家阿诺德·拉扎鲁斯（Arnold Lazarus）将这种有争议的、带有试验性质的方法介绍给了世人。这是他们的又一重要贡献。和自信训练一样，系统脱敏法是以学习原则为基础的，即你了解自己在自我表达时的焦虑，你就能够忘却焦虑。

从实际情况来看，人不可能在同一时刻既放松又焦虑。系统脱敏的过程涉及反复地将一个产生焦虑的情境与全身心深度放松的感觉联系在一起。最终，你的大脑将学会把这种情境自动地与放松——而不是焦虑——联系在一起。

在系统脱敏治疗过程中，你将通过一系列的肌肉深度放松练习或者催眠，首先学会彻底地放松自己的身体。然后，让你想象各种引发焦虑的情境。这些情境所能引发的焦虑程度将会按照由低到高的次序被逐步升级。

你将被要求想象最低级别的引发焦虑的情境，并被要求注意其所产生的焦虑感觉。在5～15秒以后，你将按要求把想象切换回一个放松的情境，再次放松。针对每个层次的引发焦虑的情境，将上述过程重复数次。在你放松时，对引发焦虑的情境的反复想象，会逐渐降低你对这些情境的恐惧。

---

### 日志模板

2009年9月13日

　　今天我将写下令我感到焦虑的情境，包括对其SUD值的评估。我希望使用"列举、分组、标注"的方法，来看一下自己是否能够找出恐惧的一些规律。

1. 杂志上关于心脏的开胸手术的文章让我焦虑。

    SUD值：50

2. 琼斯在午餐时对我视而不见，这令我感到生气。

    SUD值：30

3. 当我在工作中犯了些错误时，老板深恶痛绝地看着我。

    SUD值：65

4. 爱丽丝告诉我她跟康妮（我的前妻）谈了孩子的问题。康妮批评我定下的规矩，这令我十分生气。

    SUD值：80

5. 室友不帮忙刷碟子。　　　　　　　SUD值：55

6. 割伤自己的手指。因为看见了血，我感到恶心。

> SUD值：35
> 7. 开会迟到令我很尴尬。　　　　　　SUD值：25
> 8. 朋友们取笑我的新发型。　　　　　SUD值：25
>
> | 分组： | 标注： |
> | --- | --- |
> | A. 2、3、7、8 | 过于敏感 |
> | B. 4、5 | 生气 |
> | C. 1、6 | 医疗恐惧 |
>
> 好了，如果这是典型的一天，看上去我对批评比自己想象的更敏感。可能我需要按照医生的建议，试试系统脱敏法了。

这个交错的过程看上去非常复杂，但这正是系统脱敏法的精髓所在。它被证实对很多类型的恐惧都非常有效，比如，对身处高处、公开演讲、动物、口试、社会接触，以及其他事物的恐惧反应。

## 曝光脱敏法

和前面介绍的系统脱敏法相似，曝光脱敏法也是一种被证明十分有效的方法。这种方法通过逐步将接受治疗者暴露在真实世界的焦虑源面前，达到克服恐惧的目的。

我们以克服广场恐惧症作为一个特别生动的例子，来为读者具体介绍曝光脱敏法的方法。所谓广场恐惧症是指置身于"开阔的空间"、市场或社会事件中所感觉到的恐惧。与上面的系统脱敏法类似，广场恐惧症的患者被要求将造成其焦虑的情境分成不同的层次，逐步将自己暴露在这些产生恐惧的情境之下——注意循序渐进，每次迈出一小步，然后再回到"安全"的环境。通过这种逐渐的、不断重复的过程——不超过轻度的焦虑——患者将能够面对并最终克服在室外市场中、人群中的恐惧。

和系统脱敏法一样，重要的是循序渐进，立足于不断取得小进步,在较低层次的焦虑环境被克服之后,再转向较高层次的焦虑环境。

和系统脱敏法一样,这种逐步暴露于真实世界的方法,也被证明在面对各种诱发焦虑的情境时都有非常出色的疗效,这些情境包括乘坐或驾驶汽车、登高、乘坐电梯、进入教室、乘坐公共交通工具、参与社会事务等等。你可以通过这种方法进行自我治疗,但最好还是在训练有素的临床医生的指导下进行。

## 饮食、锻炼和睡眠

在当今世界,人们总是没有足够的时间。试着从一个繁忙的、没有红绿灯的十字路口穿越马路,可以看到小轿车、卡车、公共汽车穿梭往来,每个人都神色匆匆,谁也不会为某个行人而停下来。早上,我们赶着去上班,经常来不及吃早餐,(正如妈妈经常说的:"一天里最重要的一餐!")午餐时间,我们冲出去见朋友,与朋友共进快餐三明治,到洗衣店取衣服,或者顺道去买个新手机。所谓"锻炼"意味着匆匆忙忙地过路口,跑着追赶通勤火车,或者修剪150平方尺的草坪。对幸运的少数人来说,可能还包括每周打一次高尔夫球或者在健身俱乐部里运动几个小时。

其实,我们知道得并不少,不是吗?我们知道,为了我们的健康,吃好、有规律的体育锻炼、高质量的睡眠是至关重要的。没有那些自我照料系统,在今天这样快节奏的生活条件下,我们又怎么能不焦虑呢?

当然,饮食、锻炼和睡眠对焦虑的治疗作用,并不像其预防作用那么大。如果你坚持良好的均衡饮食(五谷、新鲜水果、蔬菜,以及尽量少的脂肪和糖),你肯定会比在上班的路上抓着吃快餐食品或者一大杯拿铁咖啡更健康。(记住,拿铁咖啡中的咖啡因和糖能够让你在没有什么令你焦虑的原因的情况下,保持亢奋状态。)如果你能依照健康原则每晚保持6~8小时的良好睡眠,那么第二天你一定会更精力充沛，而不会过于焦虑。如果你能够坚持大量的心脏—肌肉健康锻炼，那么你将在各方面都感觉良好，包括那些可能会诱发焦虑的环境。（提示：像你的自信技巧的增长一样，要循序渐进，就会成功。）

下面是关于锻炼和精神健康的两条重要观点：

> 锻炼可以刺激大脑分泌各种化学物质，这些物质可以让你比锻炼前感到更快乐、更放松。锻炼可以激发你的自信、增进你的自尊，如果你坚持有规律的锻炼，你看起来会更精神，自我感觉也会更良好。锻炼甚至可以减低沮丧和焦虑的感觉。
>
> ——梅奥诊所
>
> 锻炼可以降低沮丧和焦虑情绪，并且提高心理健康水平，缓解心理压力。
>
> ——美国疾病控制中心

好了，家长式的说教似乎太多了一点。但是，不要把我们的话当作说教。读一下美国心脏学会、美国焦虑症患者协会、美国饮食卫生协会，以及其他我们知道的健康机构所提供的文献吧。为了搞清楚有关营养的各种令人困惑的"事实"，要读一读安德鲁·韦尔博士的《保持健康的最佳饮食》。

虽然在这些问题上有很多共识，但这似乎并不是"无争议的科学"。例如，最健康的饮食仍然是一个有一些争议的问题，几乎每周都有一项关于什么对大多数人最有效的新研究发布——其中大多数人都以减轻体重为核心。当提到什么最适合你的时候，请记住，大众媒体上报道的研究几乎总是只给我们研究中的大多数人的结果。这可能对每个人来说都是正确的，也可能不是——比如你。

## 冥想、呼吸和放松训练

有很多书籍针对这些话题进行过研究，我们在此不能对这些书作评价。冥想、呼吸和放松训练的重要性在于，其积极的、长久的功效远远超过了其作为一类焦虑情绪治疗方法的具体疗效。

系统的冥想练习是一种非常有效的方法，它的要旨在于暂时切断与外部世界的联系，以便将全部精力集中于自己的身体、呼吸、思想，或者脑海中虚拟出的一个最舒适、最适合沉思的环境。由于看上去有些神秘，很多人对冥想这一方法持回避态度。事实上，尽管这种被广泛应用的方法植根于东方哲学体系中，但它并不神秘。它之所以显得陌生和不同寻常，主要还是因为我们很少让自己从日常压力和纷繁的事务中解脱出来，享受一段安闲静谧的时光。西方社会大多数形式的冥想都不是基于神秘内容的，它已经被开发为一种改善身体和精神健康状况的方法了。

现在有很多种形式的冥想、呼吸和放松训练的方法，包括渐进式的肌肉放松法、自律训练、放松法、放松反应法，以及生物反馈法。而近来最有趣的发现，则来自于科罗拉多大学神经心理学家詹姆斯·奥斯丁博士，他通过功能核磁共振成像（fMRI）研究发现，"禅冥想"真的会令脑部神经网络发生变化！

焦虑和压力对身体健康的明显不良影响已经被广泛认知，而主流医学在这个领域的研究也在持续升温。比如，医院在对慢性病、致命疾病或免疫系统功能低下患者进行治疗时，经常会把冥想当作一种缓解患者压力的方法。

贾科布森认为，既然焦虑造成肌肉紧张，那么人们可以通过学习如何使紧张得到放松来缓解焦虑。本森博士创立的身心医疗中心与哈佛大学和波士顿的几家医院建立了紧密的合作关系。他指出，"放松反应"是一种由深度放松而产生的复杂生理变化，包括新陈代谢、心率、呼吸、血压和脑化学物质的变化。马萨诸塞大学的乔恩·卡巴特·齐恩是这个领域中另外一个活跃的研究者和作家，他致力于研究静思冥想法的减压功效。

## 对恐慌症的治疗

如果你正在遭受严重焦虑的侵袭，比如因思想冲突引起的恐慌，或者完全没有明显原因的恐慌，你就可能需要接受临床医生的系统治疗了。

威斯康星州的心理学家、作家丹尼斯·贝克菲尔德（Dennis Beckfield）创制出一套方法，旨在帮助患者认清造成他们的恐慌感觉、思维模式及其产生的身体反应：颤抖、心悸、晕眩、寒战、恶心、胸痛，以及可怕的失控或"要疯了"的感觉的原因。贝克菲尔德还建议要考察恐慌的背景原因，比如遗传、个性以及早年经历等。这些背景原因可能会减低承受焦虑的极限，同时会产生引起恐慌症的挫败感和愤怒情绪。

好消息是，恐慌感不仅可以被及时克服，而且可以通过治疗被及时地完全消除。下面几个简单的方法可以推荐给恐慌症患者：

1.建立一个日志，用于记录那些引起恐慌的事件，记录当时的感受，并且记录你的积极行动和所获得的成功；

2.学习并进行呼吸控制练习（"暂停呼吸，重新调整，呼吸"，以此循环）。这是一个帮你在焦虑时快速平静、放松的极其有效的方法。

如果你的恐慌症症状较为突出，我们建议你还是去看心理医生或向其他具备心理治疗资质的人员求助。当然，如果你的社会焦虑导致了类恐慌事件、特定环境下的焦虑，或者是低水平的长期焦虑，你可以在面对各种社会遭遇时，使用这种自助的方法去控制和平复自己。

## 非理性信念和自言自语

在我们的成长过程中，有很多可笑的理念被当作至理名言。成年以后，我们仍然相信这些理念，直至碰壁。你或许会问：是什么"可笑的理念"呢？好，看看下面这些：

- "世界理应善待我。"
- "生活应该公平。"
- "如果你没有在你做过的每一件事上获得成功，那是因为你不够好。"

我们在第10章中讨论过一些类似的不合理的想法。这些不合理的想法的一个不幸结果是，我们会不必要地生自己的气，引起焦虑、恐慌、抑郁、挫败、愤怒……我们因为相信诸如"世界应该如何如何对待我们"这种不可能的事情，付出了高昂的代价，因为真实的世界永远不会符合这些空想。

为了对这些有害的理念进行反击，并且回到健康思维的道路上去，我们推荐你阅读我们的老朋友、已故心理学家阿尔伯特·埃利斯的著作。他在理性情感行为治疗方面的著作和其他研究成果将有助于你学会抵制生活中的非理性想法，并代之以现实的观念。这些现实的观念可以让你更加了解生活的本来面目。

## 自信

我们在本书中没少讨论这个问题。事实上，著名的心理学家阿诺德·拉扎鲁斯和精神病学家约瑟夫·沃尔普最早发明了治疗焦虑的自信训练方法。1960年代，他们在南非的实验室里开展了一项针对动物焦虑问题的新治疗方法的研究。他们通过对动物进行仔细的心理测试发现：只要提供食物，并营造出缓和或者自信的氛围，就可以让处在可怕环境中的惊恐的动物放松下来。

既然你从本书中一直都在学习自信，我们就无须在这里就这个话题展开进一步的讨论了。但是，必须说明，自信训练是一种针对社会焦虑症而很好地建立起来的有效治疗方法，这一点对那些由于对自己的社会技巧没有信心而感到焦虑的人尤其重要。

## 快速眼动脱敏治疗（EMDR）

这是由心理学家弗朗辛·夏皮罗于20世纪90年代发明的。由于看上去有一些"魔幻"，因而在其被推出的初期引起了很大的震动。眼动脱敏治疗这个名字来源于其独特的治疗方法，即将眼球不断从一边向另一边转动，同时默想过去受到的伤害或者引发焦虑的环境等不愉快的记忆。

这种方法的推出在精神健康专业领域引发了一场论战，而争论的主要原因在于其不同寻常的"眼球运动"要求。争论同样关注患者对这一方法看上去非常迅速的反应，以及夏皮罗在早期提出的这一治疗方法只能由她亲自训练的从业人员使用的要求。

随着时间的流逝，关于快速眼动脱敏治疗的研究发现，减少焦虑干扰的重要元素不是眼球运动，而是交替运动。现在，大多数快速眼动脱敏治疗临床医生都使用最近的一项科技创新成果——一个手持电子摆动装置，去刺激患者的交替运动。

快速眼动脱敏治疗方法在治疗焦虑和恐惧方面非常有效。这些焦虑和恐惧通常与自负的行为、情感冲突、伤害他人感受，或者成为被关注的焦点有关。快速眼动脱敏治疗同样还有助于克服创伤应激环境后遗症（比如：身体虐待或性虐待、战争经历、事故、自然灾害、在不健全家庭中的生活经历），并且克服由创伤经历产生的内疚、害怕、难过、挫败感以及焦虑。

## 药物治疗

如果你因为焦虑向你的初级护理医师或内科医生寻求帮助，他可能会给你开一个抗焦虑药物的处方。今天，市面上有许多此类药物。你可能在电视上看过广告："问问你的医生，诺安克斯适不适合你！"

你可能会有很多问题要问。如果经过一段时间的接触，你已经与一个初级护理医师建立了良好的关系，而你又刚刚有了焦虑症状，那么这个医生可能会认为这是因为体内化学变化所致，应该使用中和剂将其调整至适当的程度。

我们认为，药物不应该成为你治疗焦虑症的首选方案，除非这种焦虑突然变得无处不在，并且毋庸置疑地出现在你当前的生活情境中。我们建议你首先考虑本章介绍的其他方法。

如果你已经决定采用药物治疗，那么请做好与你的医生对药物进行讨论的准备。要摸清自己的底数，并提前在私下里做足关于各种抗焦虑药物的功课。不要简单地接受医生最初的建议，此外，无论如何也不要相信你看到、听到、读到的各种药品广告。在服用医生开具的处方药物之前，一定要认真检查，确认这些推荐药物真的适合你。

有时候，你的初级护理医师可能没有足够的时间或知识给你做全面的心理诊断检查。他们总是那么忙，医疗保障体系没有为他们提供足够的时间去诊治病人，他们只不过是开具那些看上去对大多数人有效的处方。不要简单接受这些处方。要问清楚这种药为什么特别适合你。

如果你的医生不愿意与你讨论这个问题，要用你的自信技巧去争取获得你所需要的信息，以及相互尊重、相互合作的医患关系。如果你的需要仍然得不到满足，建议你换一个医生。

## 其他抗焦虑疗法

我们简要地介绍了一些治疗焦虑的有效方法。这些方法都是我们确信有效,并可以向读者推荐的。你可能会猜想:一定还有更多的方法。某些临床医生可能让你花费数年的时间去检查早期的童年经历以及你与父母、兄弟、姐妹之间的关系。还有些医生可能会让你直接面对那些会让你感到巨大压力的环境(你可能称其为"要么沉底、要么学会游泳")。而其他临床医生的大多数建议是,通过心理分析、接受与实现疗法、格式塔疗法、内爆治疗法、催眠、系统式家庭治疗,以及其他方法对焦虑症状进行治疗。

一项令人惊讶的关于社交焦虑的技术应用将我们带出"治疗"的领域,进入了网络空间。中国台湾最近的一项研究报告称,参与大型多人在线的角色扮演游戏(MMOPRGs)可以减少玩家的焦虑,并改善他们的社交关系。在这里,我们认为花在网上的时间可能会损害社交技能!

如果你在克服与自信地表达自我相关的焦虑症状方面需要特别帮助,我们建议你研究一下我们在上面提到过的方法,选择一个最适合你自己的环境和风格的方案,也可以通过多读一些这方面的书来开始你的治疗过程。

一旦你决定对焦虑进行治疗,就需要你投入一定的时间——也许会是几个星期——在有或者没有临床医生帮助的情况下,去实践你所选择的缓解焦虑的方法。变得焦虑要花些时间,克服焦虑同样需要花时间。

这里对自信的焦虑问题的讨论,不是为了让你感到泄气。相反,大多数读者在处理因自我表达产生的轻微不适感时,不会有任何特别的困难。当然,有些人在克服障碍时可能要额外下些功夫。就像在身体状况出现问题时寻求有效的医疗帮助一样,在需要寻求心理治疗时,不要有任何的窘迫和迟疑。那么,既然已经解决了焦虑的困扰,还是让我们回到发展你的自信这一主题上来吧。

## 对焦虑的总结

当我们考虑并实践自信的时候，紧张感、焦虑反应和害怕是经常会遇到的问题。通常，通过练习自信的回应，会将这些让人不舒服的反应降低到可控的程度。练习将会使自信的感觉变得更自然。如果你感觉你还是过于害怕，还有很多系统的方法帮你辨清诱发恐惧反应的情境，并降低焦虑的程度。

仅仅是理解一种恐惧，对于明显降低恐惧来说是远远不够的。有助于将恐惧减轻或降低到可控制水平的各种自助方法，通常都能取得成功。当自己的努力没有效果时，我们建议你去寻求专业治疗。

这一章的名字叫做"没什么可怕的"。实际上，生活会让我们所有人都偶然经历可怕的情境。我们希望你记住的是，有很多有效的方法可以处理焦虑。如果你正被焦虑所困扰，请重新阅读这一章，尽可能了解自己的焦虑，并寻求解决之道——如果需要，包括专业治疗——这将有助于你克服焦虑。

# 第 12 章

# 你能学会这个技巧

*精力加毅力可以征服一切。。*

——本杰明·富兰克林

这是心理学的一个老笑话：两个工程师（或者律师、家庭主妇、水管工、护士）在一起聊天，一个心理学家加入了进来。于是，就有了两个工程师和一个心理学家。但是，当两个心理学家在一起聊天，而一个工程师加入进来时，这里就有了三个心理学家！

每个人都认为自己在某种意义上是心理学家。确实，我们都掌握关于人类行为的很多第一手知识，这些知识是从我们自己的经验得来的。不幸的是，很多看上去头头是道的东西，其实并不正确。

## 改变行为和态度

流行观念通常认为，要改变你自己首先要"改变你的态度"。相反，直到20世纪末期，行为心理学家一直在说行为的改变更加重要，态度可以随着行为的改变而改变。

在20世纪70年代本书的早期版本中，我们支持传统的行为治疗观点，也就是认为首先改变行为更容易并且更有效，态度会随着行为而慢慢改变。虽然人们对态度的改变是"更难啃的骨头"这一观点，仍然有一些怀疑，但心理学家已经知道，想法和信念可以通过我们在第10章提到过的方法来改变，这种改变将对行为产生有力的影响。

正向自我陈述法是一个很好的例子。通过有意识地告诉自己

"我有能力在这种情况下胜出",会让你获胜的几率大为提高,即使你没有任何其他改变。每个人都通过其自身独特的关于"何为生活"的态度和信念来看待和解读生活事件,并据此采取行动。如果总是告诉自己"我一无是处",那么,在面对各种生活情境时,你就会先预言自己的失败——这将增加你失败的几率。如果你告诉自己"我有能力取得成功",你将更有可能按照成功的模式去行动——获得成功的几率会随之增加。

有一段时间,一些"有见识的人"似乎让所有人都相信了思想的改变最为重要。在心理学研究中,当一个新的观点出现时,通常都会出现这种情况。近年来,"钟摆"已经回摆至一个较为适中的位置,我们的观点是:"思维和行为都是个人成长过程中的至关重要的因素。"(如果有足够的时间,心理学研究还是能够跟上常识的步伐的。很可笑,不是吗?)

一些人对认知(思维)干预反应较好,而另一些人则对行为(行动)干预反应较好。因此,在任何综合性的干预中,两者都需要得到处理。把你的大部分精力投入到对你最有帮助的方面吧。

另外,不要忘记神经系统科学领域最近的成果已经表明,大脑本身是决定我们的态度和行为的最强有力的因素。当然,这并不令人吃惊,因为我们在前面曾经提到过,对大脑的研究已经让我们在自身思维模式和行为模式如何形成——以及它们如何被改变——的问题上取得了不寻常的发现。

## 从这里到那里

如果你已经开始着手增进自己的自信,请不要奢望在某个早晨一觉醒来就能够说:"今天,我是一个崭新的人,一个自信的人!"你会看到,在接下来的章节中,我们将为你详细地提供一个系统的、循序渐进的自我改变指南。建立自信的关键在于练习。你已经用了一生的时间来形成你大脑中的神经回路,以及由此而产生的思维、行为模式。你可能需要花上一些时间以及大量练习，才能实现你所希望的改变。

若没有决定性的干预，行为循环会不断重复、循环下去。在人际关系中，长期以不自信或攻击行为方式行动的人，是很少自我反省的典型。他们针对别人的行为可能是拘谨或辱骂——这两种方式通常都会遇到嘲笑、蔑视或者躲避。当这些不可避免的反应出现时，这些人会说："你看，我就知道我一无是处。"他们对自己的低自我评价就得到了证实，这种循环就会反复出现：自取其败的行为—别人的消极反馈—自己批评自己—自取其败的行为……（还记得第10章描述的循环吗？）

这个循环是可以改变的，它可以被逆转成一个积极的结果：更恰当的自信行为带来别人更加积极的回应，积极的反馈使自我价值的评价提高（哇塞，我太受人重视了！），对自己态度的改善可以进一步导致提高自信。

或者，这个循环可以从这样的想法开始：通过对自己说一些积极的事情，开始认为自己是个有价值的人，你的行为会开始变得更为恰当。你的更有效的行为通常会使你获得别人更积极的回应，这又会证实你最初的想法："或许，我毕竟是个不错的人！"

> 约翰多年来一直深信自己是个地地道道的废物。尽管他仪表堂堂并有很强的表达自我的能力，但他完全依赖妻子的情感支持，连一个朋友也没有。可以想象，当妻子离他而去时，他是多么绝望！幸运的是，约翰及时去看了心理医生，并且经过数月的心理治疗后，他从迷失中恢复了过来，开始愿意与别人接触。当他首次自信地尝试与一个心仪的女子接触并大获成功后，可以想象这对他是一个多大的激励！约翰对自己的整体看法发生了改变，在面对各种情境时，他变得自信多了。

并不是任何人都能获得如此立竿见影的效果，并不是所有的自信都能够大获成功。成功通常需要极大的耐心，以及处理越来越困难情境的一个渐进过程。

然而，总的来说，自信是一种自我奖赏，它能使别人开始对你报以更多的关注，在人际交往中，它能使你实现你的目标，使各种情形越来越如你所愿，使你感觉很好。你有能力造成这些改变。

记住，要从你多少有些成功把握的事情上开始去获得自信，然后再展开更困难、需要更多的自信和技巧的行动。你会发现从一个朋友、练习伙伴、老师或者专业治疗师那里获取支持和指导，对你会很有帮助，并且使你更有信心做好。

要记住，行为的改变会导致你对自己的态度的改变，导致你对别人、对情境的影响的改变，引发环境的改变。而想法的改变会导致行为的改变。

下一章将介绍带来这些改变的具体步骤。首先要仔细阅读这些材料，然后开始在实际生活中按照这些步骤去做。你会喜欢自己的变化的。

## 你何时做好开始的准备

首先，要确信你完全理解了自信的基本原则。分清楚自信行为和攻击行为的区别，对于你理解自信并获得成功是至关重要的。如果需要的话，请重读第4、5、6章。

其次，要确定自己已经为尝试自信行为做好了准备。如果你属于长期使用不自信行为或攻击行为方式的人，或者你高度焦虑，就要多加小心。我们推荐缓慢的、谨慎的练习，并由另一个人——最好是受过训练的临床医生——作为指导者与你一起做。正如我们在第11章讨论过的那样，这个建议对那些在开始时非常焦虑的人尤其重要。

第三，你在开始尝试自信行为时，要选择那些有着较高成功把握的事情，以加强你的自信。你在开始时越能获得自信，以后就越有可能获得成功。

要从更可能获得成功的简单情境开始，再由此开始练习更加困难的情境和人际关系。切忌在缺乏特别准备时就去尝试面对一个困难情境。不要在那些可能会失败，并且会影响你在自信上的进一步行动的问题上贸然尝试。

如果你确实遇到了挫折，这是在所难免的，要花些时间认真分析具体情况，并且重拾信心。如果有必要，可向朋友或指导者寻求帮助。毕竟，你的技巧还在磨砺之中。或许，你也可能会做过头，让自信行为变成了攻击行为。这两种问题都有可能造成负面反应，特别是在你自信的目标变成敌对的或具有高度攻击性的时候。不要因这样的偶然情况而裹足不前。重新考虑一下你的目标，要记住，尽管要想获得成功需要大量的练习，但回报也是无比丰厚的。

要料想到失败。这些办法并不能让你在所有人际关系中获得100%的成功。对于生活中的问题，并没有什么现成的或魔术一般的答案。事实上，自信并不是无往而不利的——对本书的作者也是一样。有时候，你的目标与别人的目标不相融。两个人不可能站在同一起跑线上。（让别人先行一步也是一种自信行为！）有时候，对方可能蛮不讲理或固执己见，面对这些人，无论多么自信也无济于事。

此外，你和我们一样，也是凡夫俗子，也会有很糟糕的时候。要允许自己犯错误！并且要允许别人有权利做他们自己。你可能会感到不舒服、失望、沮丧。没关系，重新对情境进行评估、练习，然后再一次尝试。（更多关于"失败"的内容见第23章。）

当然，这里最关键的还是选择。如果你选择要表达自我，但没有成功地实现自己的目标，这能算是失败吗？我们不这样认为。作为一种尝试，选择本身就是一种自信行动。生活中从来没有万无一失的事情！

如果你觉得自己的自信尝试失败的次数有点多，要仔细检查到底是什么原因。是不是把自己的目标定得过高了？步子迈得小些以确保成功吧！自己的自信行为是不是做得有些过火从而变成了攻击行为？要对自己的行为进行细致观察——查看一下你的日志并作自我反省。（刚开始时，有一点点攻击性是正常的。"钟摆"在不久之后将会达到平衡。）

我们都希望自己的自信管用，都希望实现自己的目标。然而，自信的最大价值在于从自我表达中获得的美好感受。知道自己拥有自我表达的绝对权利，并且可以自由地表达自己的感受，是自信能够带来的最大好处。

通常，你会发现自信会获得良好的结果。但是，不管自信能否起到作用，你都要记住维护自己的权利的感觉是多么美好！你做了你能做的事，即使结果并非你希望的那样。如果你真正尝试了，并尽力了，那么，你还有什么对自己不满意的呢？

最后，要注意：没有什么比自以为是的态度更令人厌烦的了。要避免那些自信训练的新手们容易掉进去的陷阱——认为自己在任何场合都要不惜代价坚持自己的权利。别忘了适度、为别人着想以及常识！

准备好了吗？第13章将一步一步地教你怎么做。

# 第13章

# 每次走一步

> 相信生活！
> 
> 人类总要生存，总要不断向更伟大、更广阔、更丰富的生活迈进。
> 
> ——W.E.B.杜博斯[①]

好，你已经做好继续前进的准备了。你已经做了家庭作业，知道了自信意味着什么，认真考虑了自信如何改变自己的生活，思考了自己的目标，并且已经开始着手处理自己的焦虑了。现在，到了真正开始改变自己行为的时候了。在本章中，你会看到一个分步骤的方法，这种方法在过去的40多年里，曾经非常成功地帮助人们在表达自我时变得更加自信。要循序渐进，让每一步成功都成为你下一步的坚实基础。

## 增进自信的分步骤程序

**步骤1　观察你自己的行为。**你对自己在人际关系方面的有效性满意吗？你能恰到好处地坚持自己的权利吗？看看自己的日志以及本书第1~6章的讨论，对你的自我感觉和自己的行为进行评价。

---

[①] W.E.B.杜博斯（William Edward Burghardt Du Bois, 1868—1963），非裔美国人，著名学者、编辑。——译者注

**步骤2　记录自己的自信状况**。先不要改变自己的行为方式，在自己的日志中对自己的行为进行一个星期的详细记录。每天都要记下那些你作出了自信反应的情境、"弄砸了"的情境、为了避免采取自信行动而逃避的情境。对自己要诚实、彻底，参照本书第2、3章关于自我评价的原则。

**步骤3　为自己确立现实的目标**。你的自我评价将会帮你选择增强自信的具体目标。要列出那些你想更有效地应对的情境或者人。要确保自己从低风险的小步骤开始，以获得最大的成功机会。（参见第12章"你何时做好开始的准备"的有关内容）

**步骤4　专注于一个特定情境**。花些时间闭上双眼，想象一下自己如何处理一个特定事件（比如，在超市购物时收银员少找你零钱；在你有太多事情要做的时候，一个朋友在电话里喋喋不休地与你闲扯；老板揪住小错儿不放，让你觉得自己一钱不值）。要惟妙惟肖地想象实际的细节，包括你当时和过后的具体感受。附录中提供了供你练习的很多情境例子。

**步骤5　回顾你的反应**。取出你的日志，并记下你在步骤4中的行为。要运用我们在第8章说过的自信行为的构成要素（目光交流、身体姿势、手势、面部表情、声音、信息内容等等）。仔细审视一下你在想象的事件中的行为的各个要素，包括你的想法。记下你的优点。要特别注意那些代表不自信行为或攻击行为的要素。如果你的反应中的某个主要因素中有焦虑，请参看第11章讨论的内容。不要试图强迫自己面对那些会令你感到痛苦的情境。另一方面，如果只是有一点不舒服，就不要回避获得新的进步的机会。

**步骤6　观察一个实际的榜样人物**。此时，对某个能够游刃有余地应对相同情境的人进行观察，会为你提供有益的帮助。在此，也要注意观察第8章提到的各个要素，特别是"风格"，说了什么话倒在其次。如果这个榜样人物是你的朋友，可以与他或她就其所用到的方法及产生的结果进行讨论。

有趣的是，尽管这种"榜样"被当做自信训练的重要步骤已经很多年了，但直到最近才引起大脑研究人员的重视。他们发现，我们的大脑中都有一种"镜像神经元"，它能促使我们模仿自己打交道的人的行为。例如，我们几乎总是会对那些向我们微笑的人报以同样的微笑。你可以利用你的大脑的天生能力，帮助你对榜样人物的有效自信进行模仿。

**步骤7 考虑另一种反应。** 对一个特定事件有没有其他可能的处理方法？你能更直接、更坚定地对它进行处理吗？能少些攻击性吗？请参看第5章的图表，并明确不自信反应、攻击性反应与自信反应的区别。

**步骤8 想象自己正在处理某一情境。** 闭上双眼，想象自己正在有效地处理你要练习的情境。你可以模仿在第6步观察到的榜样的行为方式，也可以采取一个很不一样的方法。（你可能会发现模仿榜样的风格对"以相同的方式行动"很有帮助。然后调整你的声音、表情、手势等行为要素，最终找到一种更加适合自己的风格。）想象中的自信行动要尽量贴近你自己的特点。

要在想象中形成处理任何困境的策略和方法。如果你发现自己感到焦虑，要让自己平静下来。如果有负面想法干扰了你的自信，要用积极的陈述去代替它们。在这个过程中要自我纠正。要克服你脑海中那些妨碍你的自信反应的干扰。如果需要的话，反复练习这一步，直到在想象中你可以很好地应对这一情境。

**步骤9 练习积极的思维。** 花些时间再看看第10章。形成一份与这种情境相关的积极陈述清单。（例如，"我以前参加过工作面试，并且非常顺利。")要把这些话练习几遍。记住,这不是跟别人说话的"脚本",而是你说给自己听的"鼓劲话"。正如生活中的大多数事情一样,最好的开端是对你自己要自信!("我能行!")

**步骤10 如果需要,就寻求帮助。**正如我们前面曾经提到过的那样,增进自信的过程可能需要你在很大程度上挑战自我。如果你觉得不能独立应对自己曾想象过的某种情境,可以向某个有资质的专业人士求助。(我们建议你向经过资格认证的精神卫生专业人士——心理医生、临床社会工作者或婚姻家庭咨询师寻求帮助,而不是随便什么只是提供"自信训练"、"交流技巧"或"执行训练"的人。)

**步骤11 大胆尝试。**你已经检查了自己的行为、考虑了各种选择、观察了一个行为更加有效的榜样人物、练习了一些对自己的积极想法,并且获得了克服障碍所需的任何帮助。你已经为实际尝试处理问题情境的全新方式做好了准备。(如果需要确认自己已经做好了准备,就不要跳过对步骤6、7、8、9的重复,但不要让自己为了"做好准备"而陷入停顿。)

在面对困难情境时,选择另外一种更为有效的行为方式是非常重要的。你可能希望完全照搬榜样的行为方式。这是个不错的选择,但不要忘记你是一个独特的人。你也许能,也许不能找到一个自己能够完全采纳的榜样风格。

在选择更有效的另一种行为方式后,要与一个朋友、练习伙伴、老师或者临床医生就一个情境进行角色扮演。要尽力按照你选择的新的行为方式去做。要像步骤2、4、5中一样,仔细观察自己的行为,可能的话,要用音频或视频记录下来,以便对自己的实际行为进行回顾。如果对自己的目标不是绝对清楚,也不用担心。随着你尝试新的行为技巧,你对自己在这个情境中想得到什么,就会有越来越清楚的认识。

**步骤12 获得反馈**。这一步本质上是对第5步的重复,但强调的是你的行为的积极方面。记下你的表现的显著优点,继续在较弱的方面下功夫(如果需要,可以看看第8章)。

**步骤13 塑造你的行为**。当发现上述练习有助于"塑造"你的行为时,就要经常重复步骤8、9、11和12(这个过程可以让你不断接近你的目标),直到你对自己感到满意,认为自己能够有效地处理这一情境。这种重复可能看上去像是在浪费时间,但是,正是这种对新的反应方式的练习会在你的大脑中建立新的神经回路,改变你的原有风格,并且在面临紧要关头时能够让你更为有效地行动。

**步骤14 "真实世界"的考验**。现在,你已经准备好对你的新反应方式进行一次真正的考验了。到目前为止,你的准备工作都是在一个相对安全的环境中进行的。然而,认真的训练和重复的练习已经让你的反应接近于自发。你应该为接下来进行一次实际考验做好准备。如果你不愿意接受这个考验,你可能还需要进一步的练习或帮助。(重复步骤8~12。)从意图到行动——对自己自信——可能是最重要的一步!

记住,要选择一个不太"沉重"的情境。也就是说,要找一个你很可能获得成功的情境来进行考验,而不是与你的生活伴侣或老板的重要会面!

**步骤15 对考验结果进行评估**。在日志中记下你在"真实世界"进行考验的情况。要记下全面的结果、对自己的有效性的总体印象、你的SUD水平(见第11章),以及行为的各个具体要素的细节(见第8章)。如果一个朋友当时在观察你,就问问他或她的看法。如果你用微型录音设备录下了整个过程,可以回放听听你是怎么说的。这一步是学习过程的重要一环。不要忽视它!

**步骤16　继续你的训练。**通过重复上述过程，不断培养自己处理各种会带来麻烦的具体情境的行为能力。逐渐增加练习情境的难度和重要性，不断从自己的成功和失败中总结、学习。浏览一下第2章的自信问卷和第6章的案例，以及附录中的例子，这些有助于你对自己变化的过程进行合理的安排。

**步骤17　设定"社会强化因素"。**作为建立一种独立的行为方式的最后一步，你需要为自己提供实时的支持和自我奖励。为了保持你新获得的自信技巧，要在自己的环境中建立一个自我奖励机制。比如，你现在体会到了成功的自信带来的良好感觉，并对这种良好反应将会继续确信无疑。别人的赞赏对你的成长来说将是另外一种长期的积极反应。在你的日志中设计一份具体强化因素的个人检查表——有回报的结果——这对你自己的环境和关系来说都是独一无二的。并且，重新看看自己日志中原来的记录，你可以看到自己的进步。

因为我们知道这种分步骤的方法的确有效，因此我们在这里详细地介绍了这种方法。当然，没有哪一种方法对所有人都有效。我们强调了这些系统步骤的重要性，但是我们知道，只有将你个人的需求、目标和学习风格考虑在内，才能对你真正有效。我们希望你建立一个能够有助于增进自信的学习环境。

没有什么能够代替你在自己的生活中对自信思维和自信行为的积极练习。从你决定开始这些练习起，就把它当成培养自信的手段，并享受其回报吧。

在后面几章中，你会发现很多关于培养和应用你日益增强的自信的方法。我们强烈要求你按照这些方法去做，并将你学到的这些原则和方法付诸实践——每天至少应用一点点。

**增进自信的分步骤程序**

17. 设定"社会强化因素"
16. 继续你的训练
15. 对考验结果进行评估
14. "真实世界"的考试
13. 塑造你的行为
12. 获得反馈
11. 大胆尝试
10. 如果需要，就寻求帮助
9. 练习积极的思维
8. 想象自己正在处理某一情境
7. 考虑另一种反应
6. 观察一个实际的榜样人物
5. 回顾你的反应
4. 专注于一个特定情境
3. 为自己确立现实的目标
2. 记录自己的自信状况
1. 观察你自己的行为

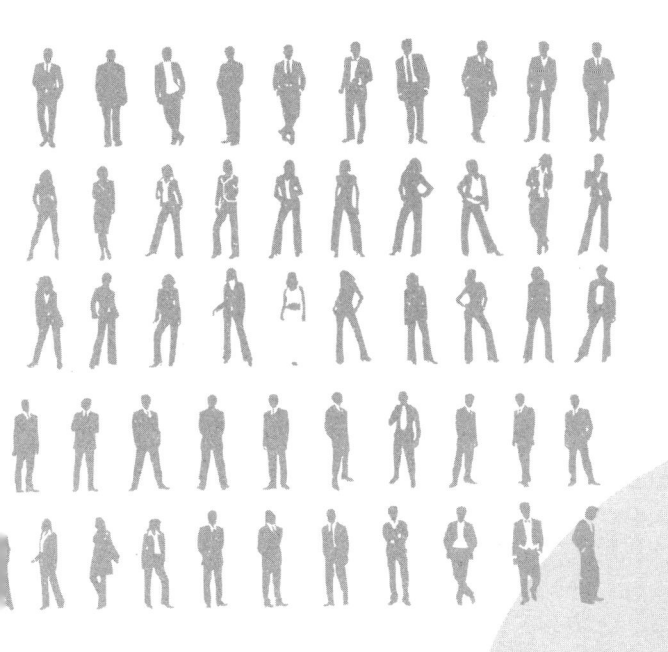

# 第4部分
# 建立自信的人际关系

# 第14章

# 自信与建立平等关系

一体为复,至少为二。

——R.巴克敏斯特·富勒[1]

"维护自己的权利"这一口号经常被等同于"自信"。但是,生活中的自信比维护自身权利的含义要丰富得多。我们发现,对于很多人来说,表达正面的、关爱的情感甚至比"维护自己的权利"更困难。表达温情通常很难开口,成年人尤其如此。尴尬、怕遭到拒绝或嘲笑,以及理智高于情感的观念,都是不能自然地表达温情、关爱和爱的借口。有效的自信会帮你在与别人交流时更自由地表达这些正面感受。

本书的第一版几乎通篇都在培养读者"维护自己的权利"的行为能力。已故的精神病学家米歇尔·索伯曾经在专业期刊《行为治疗》上针对本书第一版发表了一篇评论,对我们书中的失误进行了批评。作为同事,索伯博士对我们的工作有着实质性的影响,他在那篇评论中写道:

> 当然,面对复杂的人际环境、社会环境和商业环境,大多数人都需要掌握维护自己的权利的行为技巧。但是,那些其他的必备技巧呢?比如,给予或得到体贴和关爱?向别人表达感情不也是一种自信吗?……表达

---

[1] R.巴克敏斯特·富勒(Richard Buckminster Fuller,1895~1983),美国哲学家、建筑师和发明家。——译者注

温情和关爱的能力，给予或接受包括愤怒、迫切需要、特别关注等情感的能力……人道主义目标和行为技巧可以产生有意义的、具体的新行为。

在本章中，我们将对表达爱意和其他正面感受给予特别关注。

## 你的社会大脑

正如我们在前面讨论过的那样，对人类大脑的研究给我们带来了令人激动的新发现，使我们对自己思维和行为的原因有了更深入的了解。其中，最令人兴奋的成果，是对大脑环路和回路的发现，这有助于我们将自己定义为社会动物。神经科学家们通过诸如功能核磁共振成像（fMRI）这样的高科技方法，已经能够对大脑的行为模式进行观察，他们发现，在社会接触中，人们大脑中的某些部分会"亮起来"。

## 先天加后天

在大脑行为模式中，有一些是"硬件"，即与生俱来的性情，而另外一些则是从生活经历中学来的，特别是儿童期的经历。性情是指那些天生的性格倾向，比如一个人的害羞倾向、爱交际或攻击性。这些品质并不是不可逆转的，但是，如果个人养育和其他生活经历强化了这些品质，它们将会持续到成年期。

我们的社会大脑的发展，是以来自于"先天"和"后天"的神经联系和模式的复杂交互作用为中心的。因而，我们的社会态度和行为，是由不断发展的大脑中从我们出生第一天起就存在的回路和通过人生中不断学习所形成的回路经过融合后所支配的。我们的感觉能力、理解能力，以及对彼此情绪的反应都源于大脑将这些极其复杂的网络整合在一起的方式。

## 社会学习

既然我们很难改变天生的性情，那就把精力集中在后天的学习过程上吧。那些在小时候学会操纵、压服、威胁别人（攻击性）并能得逞的孩子，会用这些手段来获取自己想要的东西，而不是发展恰当的（自信的）社会技巧。据一些研究人员说，事实上，大脑必须在童年期学习恰当的社会方式，否则，这种能力根本就得不到发展。

同样，那些在没有安全感或恐惧中长大的孩子，比如从小失去父母的孩子，似乎也很难发展恰当的自信。他们无法分清楚或不信任自己的情感。他们在社会情境中有强烈的焦虑感，并且不学习有效的社会技巧。

因而，神经科学的研究似乎清楚地表明，那些在童年时代就倾向于攻击性或有恐惧性情的人，或者那些没有学会恰当的社会态度和行为的人，在成年之后，会很难培养出社会敏感性和有效的社会技巧——社会智慧。

那么，这是不是意味着如果你不幸成为上述人群中的一员，你将无法学会自信呢？绝对不是。这只不过意味着在你寻求改变时，需要付出更多一些的努力。

深入介绍大脑对态度和行为的影响已经超出了本书谈论的范围——而且，我们毕竟不是脑神经科学领域的专家。重要的是，我们从这些讨论中要认识到以下几点：

❋ 人类是一种天生的社会动物。
❋ 每个人的"社会智商"都有巨大的差异。
❋ 通过学习，我们可以培养出更高的社会敏感性和良好的社会技巧。

所以，让我们抓紧时间，多了解一下如何培养你的社会技能吧，无论你是否具有社交天分。

## "世界现在需要什么？"

60多年以前，心理分析学家埃里希·弗洛姆在他的杰作《爱的艺术》一书中将爱划分为五类。虽然这本书已经很老了，但是，弗洛姆关于爱的观点是永恒的。在书中，弗洛姆详细讨论了友爱、母爱、性爱、上帝之爱和自爱这五种爱的概念。

例如，友爱——关心人类大家庭的其他成员——与流行的关于爱情的浪漫概念是非常不同的。在这个小小星球上，友爱是我们生活中一个至关重要的方面。无论我们变得多么独立，人类从本质上说都是一种相互依赖的社会动物！

有效的、自信的交流可以在人与人之间建立积极的、平等的关系——这是人能够拥有的最有价值的财富。

## 伸出你的手

向别人表达你的热情是一种高度自信的行为。而且，与我们提到过的其他自信行为一样，这一行为本身远比你所用的言语更重要。表达关心更是如此。没有什么能比"此时此刻，你对我很重要"这样的话更能表达个人的情感。

下面是一些传达此类信息的方式：

❈ 一次热情、坚定、长时间的握手。
❈ 一个拥抱：一只手深情地轻轻抓住对方的一条手臂，另一条胳膊绕过对方的肩膀，深情地轻拍对方的后背。
❈ 一个热情的微笑。

❖ 长时间的目光交流。

❖ 一件爱的礼物（由赠送者亲手制作，或者对接受者来说十分独特）。

❖ 真挚热情的话语，比如：

"谢谢你。"

"你真棒！"

"我理解你的意思。"

"我喜欢你做的事。"

"有我在这儿呢。"

"我相信你。"

"我信任你。"

"我爱你。"

"很高兴见到你。"

"我一直挂念着你。"

这些对你来说并不新鲜。然而，你会发现让自己这样说或这样做却很困难。我们很容易在需要这么做或这么说的时候，因尴尬而踌躇，或者一厢情愿地认为："她知道我怎么想。"或者，"他不在乎听这些。"但是，有人不在乎听这些吗？所有人都需要知道自己被关心、被钦佩、被需要。如果我们身边的人在表达其正面关注时过于隐晦，我们可能会开始怀疑，并且可能会到别处去寻找人间的温情。

我们曾问过一群大学生，什么让他们感觉特别好。下面是他们最喜欢的一些经历（注意，其中有多少与别人的关爱有关！）

| | | |
|---|---|---|
| 我的邀请被接受 | 问候别人 | 对自己感到满意 |
| 成就 | 拥有一个朋友 | 正面评价 |
| 挚爱 | 与某人打招呼 | 赞美 |
| 赞同 | 帮助别人 | 接受恭维 |
| 保证 | 想法得到实现 | 赏识 |
| 异性的赞扬 | 独立 | 发言得到别人认可 |
| 鼓励 | 完成工作 | 请求再做以前做过的事情 |
| 别人表示出的兴趣 | 植物养得很好 | 满足 |
| 友谊 | 大笑 | 安全 |
| 在考试中得了A | 结识新朋友 | 唱歌 |
| 称赞别人 | 我的男/女朋友向我表达爱意 | 发表自己的主张 |
| 好分数 | | 抚摸 |

我们都需要与别人有积极的接触。临床医生遇到很多很多不快乐的患者，他们不快乐的原因是在生活中没有得到这种"抚慰"。

想象一下下面的情境：

❖ 当你独自一人在一个大型集会中漫无目的地游荡的时候，一个陌生人向你走过来，并开始与你交谈，你不再感到焦虑和失落。

❖ 你搬到一个新社区，三天后，隔壁的夫妇给你送来了一罐咖啡和一块新烤的蛋糕，以表示对你的欢迎。

❖ 在外国旅游期间，你正徒劳地看着一块路牌。一个当地人走过来，并问你："有什么需要我帮忙的吗？"

花一点时间，在你的日志上简要记下你若处在上述情境中的感觉。

像这样亲切的行为不但会让接受者如沐春风，同样也会让这个做出自信行动的人感到温暖，而且不仅仅是感到温暖。心理医生、作家丹尼尔·戈尔曼说，最近对大脑的研究表明，在某些人类交往的特殊时刻，比如听到了一个老朋友的声音，大脑的某个部分会"亮起来"（通过功能核磁共振成像扫描）。另外，这种交往不仅会产生良好的感觉，而且会刺激你的免疫系统。结果，那些有着良好的社会支持系统（比如温暖的友谊）的人，过着更健康的生活。

主动做出这类行为涉及到对别人的关心和你的勇气。然而，人们常常因为害怕遭到拒绝而不肯与别人接触——这是一个逃避自信的普遍借口。你切实地想一想，谁会拒绝这样的善意呢？

通常情况下，这种行动比你想象的要容易得多。想想吧，当你进入一个教室、一个会场或一辆公共汽车，走到一个空位子边向旁边的人问："这位子有人吗？"这是多么简单容易的一件事。你不但找到了可坐的位子——假定这个位子确实没人——你还开始了一次交谈！有了这点接触，你就可以很容易对这个人了解得更多："您这是去哪儿啊？""你以前听过这个演讲吗？""我的名字是……"

不要等着别人主动，冒些风险伸出你的手吧！这是关心自己和关爱别人的关键一步，也是获取更大的自信和快乐的重要一步。

## "谢谢，我需要它！"

赞美成了造成人们不舒服的一个常见原因——不论是给予还是接受——这太糟糕了！对你来说，赞美一个人或者认可一个人做过的事情，可能是件困难的事情。再强调一下，我们鼓励练习。想尽办法去赞美别人吧——不要不诚实或不真诚地赞美，而是要在真正值得赞美的时候去赞美。不要担心用词是否准确，你的体贴、对自己感觉的真诚表达——会传达你的想法，只要你行动！试试这些简单的方式："我喜欢你做的事。"或者"太棒了！"或者一个微笑。

对一些人来说，说"谢谢你"是件很困难的事情。杰弗里是一个拥有数千雇员的组织的CEO，他总是急躁地批评别人，却很少直接向他手下的人表示欣赏，很少对员工进行公开的奖励、认可，甚至很少承认一件工作做得很好。由于主要领导害怕以热情、正面的方式采取行动，（也许他认为这会使自己显得"软弱"，或者别人会期盼奖励？）企业的雇员更迭频繁，士气低落。

接受赞扬——接受直接对你的称赞或与你有关的赞扬——可能是一个更具挑战性的事情，如果你对自己的感觉不是太好，就尤其困难。然而，接受别人的赞扬是一种自信行为，也是一种相互促进。

想想看，你真的没有权利否认另一个人对你的感觉。如果你说："哦，你刚巧在我表现最好的那天注意到了我！"或者，"这没什么特别的。"或者，"我表现好纯属意外。"你就相当于在说赞扬你的人的判断力很差。你就好像在告诉那个人："你错了！"要允许别人拥有感觉的权利；如果他们积极地对待你，就要礼貌地接受。

用不着到处去自吹自擂，或者将不属于自己的成就据为己有。然而，当别人诚挚地希望传递一个对你的积极评价的时候，要接受它，而不要拒绝和质疑。至少应该这样说："您的赞誉让我愧不敢当，但是非常感谢。"或者更简单些，"这感觉真好。"或者"我喜欢听这些。"

超级名模凯茜·爱尔兰就如何接受赞美说过这样的话：

> 赞美是一件礼物。你是否同意赞美你的人对你的看法并不重要。从某些方面来看，赞美本身甚至与你无关；事实上，这只是表明他对你有着足够的关注，并希望以积极的方式与你分享他对你的看法。那么，面对

赞美，最好的处理方式是什么呢？真心地说一声"谢谢！"吧。

我们同意凯茜的观点。顺便提一下，礼貌地说一句"不用谢"作为回应，不会对人造成任何伤害。那么，说声"没什么"又如何呢？听上去对别人有些藐视，你觉得呢？

## 道歉

20世纪70年代和80年代，自信训练人员要集中应对的一个问题是，很多不自信的人都倾向于过多道歉，这一问题是自信训练早期关注的重点。事实上，女人们曾经普遍如此，她们尤其在开始一次交谈时习惯说"对不起，但是……"显然，那些对自己的一切都似乎感到"抱歉"的人，真的需要矫正。

然而现在，我们或许走向了另一个极端。很多人在明显需要道歉的情况下，却回避道歉。承认自己犯了个错误或把事情搞砸了，并不是自我贬低。事实上，为自己的行为承担责任是一种真正的勇气和美德。然而，你也不需要陷入深深的懊悔之中。

NBC电视台的阿尔·洛克尔（Al Locker）对于如何道歉有一些坦率的忠告：

> 直视着对方的眼睛并且说："对不起。"不要通过乱找借口或拼命解释自己把事情弄糟的原因来美化自己。只需要请求原谅。

在此，重要的是不要为了道歉而把自己说得一无是处。你是人，你有时会犯错误，并且会徒劳无功。其他人也一样。当你把事情搞糟的时候，简洁地道个歉——按照阿尔·洛克尔的建议——然后继续你自己的生活。

# 友谊

"在我快崩溃的时候，南希看到了我最糟糕的状况，她亲眼看见我犯下愚蠢的错误，并且因乱发脾气而受到了伤害。令人惊奇的是，她还是我的朋友！"

没有一种人际关系能像友谊那样。它不像爱情那样不理性，却比熟人之间的关系要强烈得多，友谊大概是最难以理解的人际关系。

人们对友谊的实际了解仍然是肤浅的，大部分人际关系的研究只涉及陌生人或相爱的人之间的关系。然而，下面这些常识在检验朋友之间的纽带时是很有用的。

❖ 朋友之间有着某些共同的兴趣。

❖ 朋友之间有一种持续的关系，彼此定期联系，尽管不一定经常联系。

❖ 朋友之间至少在一定程度上，对于信息、钱财、安全以及其他关系方面是相互信任的。

❖ 朋友之间可以互相说"不"，但仍然是朋友。

❖ 朋友能够看到并接受对方最糟糕的缺点。

❖ 朋友之间很少感到彼此亏欠对方；朋友之间的给予和索取是没有责任的（或许有些底限）。

❖ 友谊的特点在于理解、沟通、接受、不尴尬和信任。

友谊存在于我们的心里，它和爱、愤怒或者偏见一样，是一种对待另一个人的态度。它无须经常地表达出来，只需要这种关系的一种承诺感。通常，相信朋友在乎你、相信对方重视你们之间的关系这种信念，支撑着这种感情。如果我们相信我们对彼此都很重要——重要得让我们在不时想起对方的时候心里暖融融的——即使我们已经多年没有见面，但我们很可能仍然是朋友。

我们经常会在机场、聚会或者校友返校时，看到多年不见的老友重逢、相拥而泣的场面。友谊的存在并不依赖于经常的接触。是什么让友谊长存呢？这种长期不见面的关系还能叫作友谊吗？为什么不呢？

莱特·科蒂·波格列宾在她的《朋友之间》一书中说："真正的友谊，表达着一种感觉……亚里士多德关于寓居于两个躯体之内的一个灵魂的说法，极好地道出了'灵魂伴侣'一词的真谛……这种感觉可以发生在任何两个人之间，他们被对方独特的行为方式或他们共同的行为方式所吸引，并且喜欢他们看到的这些。"

但是，这与自信有什么关系呢？自信行为对友谊有什么用，或者友谊对自信有什么用呢？

考虑一下这个假设：如果你大多数时候的行为都是自信的，你会比以不自信或者攻击性的方式行动更能拥有满意的人际关系。我们无法证明这一假设。事实上，我们甚至从未梦想过有哪个研究项目能使我们做这样的测试。但是，我们对自信的人经年累月的观察，让我们有信心得出这个结论。

那么，假定你愿意建立满意的人际关系，我们欢迎你依照这些理念行动，并利用自己所学到的自信技巧去发展友谊。

❖ 冒些必要的风险，将一个熟人发展成朋友。

❖ 允许你的朋友看到真实的你。

❖ 把你平常不会告诉别人的有关自己的事情告诉朋友。

❖ 与新结交的朋友交往时要主动，对对方的冲动行为要及时提出建议；对朋友生活中的重要问题要用心倾听；在非特殊场合赠送一件礼物。

❖ 遇到问题时，向朋友征求意见；或者请朋友帮忙做一件事。（要记住，一个自信的朋友可以说"不"，但仍然喜欢你！）

❖ 告诉对方你喜欢他或她。

❖ 消除你们之间的误会，如果你很烦恼或怀疑你的朋友很烦恼，就说出来。

❖ 要诚实。不要让猜忌影响你们的关系。如果这种关系不足以消除这些猜忌，这份友谊可能就无法维持了。如果能消除猜忌，你们的关系将会突飞猛进。

作为成年人，友谊有助于我们了解自己，正如家庭在我们小时候所起的作用一样。（缺乏朋友同样能让我们了解自身的很多问题。）你的自信行为会让你交朋友的能力令人刮目相看。或许，你已经拖延得够久了？

## 性别鸿沟

在考虑人际关系中的平等时，最明显的一个领域就是"性别战争"。在20世纪末期和21世纪初期，我们对男女之间——在家庭、工作、社会中——的关系的看法，发生了巨大的变化。

当然，在像性别角色这样根深蒂固的社会传统发生剧变时，会造成很多的误解和很大的压力。毕竟，两性之间对于彼此的行为已经经过了无数代人的相互适应。而且，还有某些遗传的、生理的、生化的因素对两性会造成不同的影响。对传统的抛弃以及两性平等运动已经让我们付出了代价，我们每个人都可以选择不同的态度去偿付这些代价，你或者不耐烦并且抵触，或者耐心并且合作。

一些畅销书作家认为，男人和女人是在不同的文化中长大的。我们对此并不怀疑，然而，我们不认同以男性和女性为特点的永恒差异。事实上，这一领域的大多数研究都表明，男女之间的相似之处要远远多于不同之处。

不管是在男性文化还是女性文化中，都有一些不平等的、偏见的、歧视性的、荒诞的、错误的信念，据此就断定两性之间在有意识地为对方制造麻烦，是于事无补的。

我们建议通过自信的努力——以耐心和合作为基础——修补

而不是屈服于你在人际关系中可能会遇到的"性别鸿沟"。

❖ 把平等当作自己的目标。

❖ 要更多地了解异性的态度、需求以及行为特点，但不能假设，比如，"因为他是男的"，就认为他和你认识的所有其他男人都一样。

❖ 运用你的自信交流技巧（特别是倾听），从而理解和探寻每个人的不同特点，无论对方是男还是女。

❖ 要记住，相同性别的人的确有一些共同的特点，但每个具体的人之间的不同点更多。

❖ 要相互讨论，在你们作为异性的关系中，各自能做些什么来填补性别的鸿沟。要相互接纳和尊重对方的观点。

❖ 了解自己阳刚的一面和阴柔的一面，这样你就能与两性都改善关系。

❖ 对任何人都要尊重，而不论其性别。

## 自信，在一个正在缩小的世界里

在我们结束本章之前，还有一点需要指出。我们所有的人都生活在网络之中。这个网络从我们作为个人开始，延伸至家庭和密友，逐渐辐射至邻居、所属团体、社区、地区、国家、半球、全世界。临近街区、城镇、邻近的州，甚至地球的另一边所发生的事件，都可能会对我们的生活产生持续的影响。

我们能通过互联网、CNN、能拍照的手机、博客、YouTube、短波广播、地方晚间新闻，甚至平面媒体，在瞬间及时了解世界的各个角落所发生的事情。信息传播速度之快，真的是难以想象。

全世界的人们都在维护自己的独立——宣布他们的自由和独立自主的权利。对大多数人来说，代价非常高。许多国家的反叛者和自由斗士已经成为难民，他们逃离独裁统治、战争和极端贫困，并在任何可能的地方寻求庇护。也许当你读到这章的时候，其中的一些问题已经得到了解决——人们希望有利于民主以及对受害者的救济。

当地方自治、民族主义和独立运动在世界范围内风起云涌的时候，让我们记住，在这个进程中，我们自己是世界公民。地球很小，我们负担不起在政治边界问题上的傲慢自大。与别人的关系始于家庭、街区、城镇；但这个关系一定会延伸到我们这个小小寰球上的全体人类——毕竟我们仍然属于一个相同的物种。

# 第 15 章

# 在家里：父母、孩子和老人的自信

> 当我的行为对于你满足自己的要求产生干扰的时候，希望你能公开、诚实地将你的感受告诉我……我会倾听……
>
> ——托马斯·高登

你多久没有玩跷跷板了？还记得你往前或往后移会给坐在另一端的人造成什么影响吗？当你快速向前移动时，你的朋友会重重地下落，结结实实地撞在地上；当你向后移动时，你的朋友会被挑到半空中。

家庭和其他人际关系群也是一种平衡系统，与跷跷板非常相似。家庭中的某个成员的改变通常会打破整个系统的平衡，影响到家里的每个人。由于家庭关系中的这种微妙平衡，家庭成员经常成为"改变"的抗拒者，即使不改变可能会有痛苦——或者甚至是毁灭性的。

变得更加自信明显是一种会打乱家庭平衡的变化。

一个逆来顺受的妻子和母亲，如果开始表现出一种新的自信，就会给这个家庭带来紧张。孩子们以前可以轻而易举地指使她，但现在必须找到一种新的、更直接的方式来表达自己的目的。一个很勉强地支持妻子的丈夫不久就要自己去熨烫衬衫并且分担家务活了，因为原来温顺的妻子回去工作或上学去了。

著名的心理学家雷蒙德·科希尼（Raymond Koshini）讲过一位患者的故事。这位女患者告诉科希尼，她每天早上都疲惫不堪。早晨9：00之前，她得为丈夫和三个孩子各自准备一份早餐和中餐，还要打扫房间、帮助孩子写作业、送最小的孩子去学校。科希尼给她开的处方是:"告诉你的家人,就说你的医生要求你在上午9点以前不能下床。"她遵从了"医嘱"。一周后,当她回到诊所复诊时,她成了个全新的女人……孩子们拼命想把她从床上拉起来,但她拒绝了。没出一个月,她的丈夫和孩子们就把他们自己照顾得很好了。

这种变化迫使每个人都要做出艰难的调整。对家庭平衡可能造成的这种搅乱,对于一个希望变得更为自信的人来说,可能是一个相当大的障碍。一个比较传统的伴侣可能会积极地抵制那些需要其分担更多责任的变化。而对于孩子们而言,也会有一系列全新的挑战,因为他们要学着独立地解决自身问题,增强独立性。

## 孩子们这样说

自信的孩子与自信的成年人一样,会更健康、更快乐、更诚实,并且不易被别人操纵。他们对自己的感觉更好,这样的孩子到成年时更容易实现自我。

我们赞同家庭、学校、教会和公共机构对孩子们的自信进行有意识的培养。让我们创造一种能够容忍——甚至是支持——孩子们自然、诚实、开朗的天性的环境,这总比由于父母的担心和学校的权威而把这些都牺牲掉要好。

让我们说得更明确一些,我们并不是说父母应该忽视对孩子的管教,并采取完全骄纵的养育方式。现实世界对我们所有人都有所限制,如果孩子们要学会真正的生存技能,就需要早点儿认识到这一事实。然而,我们认为,家庭、学校和其他社会养育机构把孩子们当作值得尊重的人来看待是至关重要的,要尊重他们的基本人权,重视他们诚实的自我表达,并且要教会他们采取相应行动的技巧。

自信的技巧对于孩子处理与同伴、教师、兄弟姐妹和父母之间的关系是有价值的。当马歇尔·埃蒙斯在当地的一所小学

(1～6年级)指导一个自信小组时,孩子们都极其热心地参与,并根据他们自己的日常经历自愿提供了一些情境:

❖ 排队领取午餐时,如果有人在你前面插队,你会怎么做?
❖ 我的妹妹不打招呼就借走了我的东西,我该说什么?
❖ 玩手球时,轮到乔下场了,可是他却赖着不肯离开。
❖ 如果有人戏弄你或辱骂你,你会怎么做?
❖ 我为她照看孩子的那位女士忘了给我付钱。我告诉了妈妈,妈妈说我应该给这位女士打电话,可这让我太不好意思了。

孩子们很容易就明白了自信的含义。他们练习了自信的技巧,在练习的过程中特别喜欢被拍摄到录像里,他们彼此间的反馈也是具体而有益的。孩子们能够学会自信的基本要素,并将其应用到自己的日常生活情境中。

父母管教孩子或态度坚定地对待孩子的时候,往往搞不清自信和攻击的区别。对自信的定义完全适用于亲子关系!尽管每一种情形都不相同,但在家庭关系中自信的关键就是相互尊重。孩子们和父母一样,也是人类中的个体。他们应该得到公平的对待和非攻击性的管教。

本书中的大多数原则和方法都适用于孩子们自信的培养,我们在此就不作专门介绍了。

你的孩子怎么样?你教过他们恰当的自信技巧吗?他们能否自己处理与同伴、邻居家的"小恶棍"、难缠的推销员的关系,处理网上各种涉及个人隐私的问题以及对付那些试图占他们便宜的成年人?他们能公开地对朋友和亲戚表达感情或表示感谢吗?让他们说说自己在日常人际关系中面临的困难情境,并用这些情境教给孩子自信的技巧,并让他们加以练习,就用本书中学到的方法。在这个过程中,你会对孩子和你自己有更好的了解。

## 他们长大了，不是吗

独立可能是我们每个人都要面对的惟一最重要的人生问题，这也肯定是孩子们在成长中要反复考虑的核心问题。对于十几岁的孩子来说，有一些反叛是正常而健康的，并且有助于他们培养独立性。在那些父母很强势而孩子很压抑的家庭中，孩子迈向独立的成人期的脚步就会滞后。

这种来自家长的束缚——在十几岁时未解决的问题——有时会限制各个年龄的成年人的独立性。根据我们的经验，已成年的孩子可以利用恰当的自信方法消除误会，使父母明白这种状况，使双方可以根据需要表达自己的感受。

这种冲突几乎肯定是十分痛苦的，无论是对父母还是孩子来说，揭开旧伤疤都要冒极大的风险。尽管如此，我们依然相信，如果双方继续保持沉默，将会付出更加高昂的代价。回避解决与父母（或已经成年的儿女）之间的问题的成年人，可能会感到难以名状的内疚、自我否定、压抑、无法流露的愤怒，以及经常性的沮丧。

纽约心理学家珍妮特·沃尔菲（Janet Wolffield）和爱丽丝·佛德尔（Alice Fidel）就母亲和成年的女儿之间的关系做了非常出色的研究，她们提出的建立自信的母女关系的五个步骤，对处理此类问题十分有效：

❈ 认清双方各自正在面对的人生问题（比如经济独立、更年期、退休等）。

❈ 明确那些阻碍自信地交流的态度和信念（比如"别跟你父亲顶嘴"）。

❈ 想清楚各自的权利和目标。

❈ 明确那些会干扰到对目标的追求的情绪（比如焦虑、内疚）。

❈ 尝试新型的关系（比如成人与成人的关系，而不是父母与孩子的关系）。

## 老年人也能自信吗

"该怎样尊重你的长辈呢？"一位72岁的退休工程师最近问道。"我们小的时候，孩子们会为老年人开门！现在可倒好，他们抢着冲过去，谁挡着他们的道儿就把谁撞倒。同样的事儿还会发生在排队的时候、在高速公路上开车的时候，或者在公共汽车上想找个座儿的时候。'我第一，其他人都靠边站。'"

是啊，我们"这个年纪的人"更应该自己小心，像其他任何人一样。如今，不太可能有谁会给你让路或为你扶着门或说"你请"了——至少在美国是这样——除非你明显是残疾人。所以，老年人该怎样做呢？你知道从我们这里会得到什么答案："如果事情真的非常重要，要自信！"

我们为老年人建议的自信方法与本书中说过的方法没有什么实质性的不同。真正的不同来自于老年人可能经历的特定情境——除了通常情况下与商店店员、社会团体、难缠的推销员、扰人的邻居的遭遇等等事情之外，老年人会发现医疗人员对自己很傲慢、政治家对自己很忽视、已成年的孩子对自己很忽略、护理人员虐待自己，或者在经历了不愉快的离婚诉讼之后，自己探望孙辈的请求被法院驳回。

不管你付出多大的自信努力，一些环境——诸如你想到的政府机关和医疗机构——都不会有太大的变化。然而，你可以教会已成年的孩子和护理人员如何对你的需要作出回应。我们建议你从搞清楚自己的目标开始：你要追求什么？你真的是想改变世界，还是想能在自己的小角落里过得好一点儿？你真的是想让孩子们花上更多的时间陪你，还是因为寂寞而想找几个伴儿？

在最近一项有趣的研究中，加拿大滑铁卢大学的研究人员研究了老年人在与护理人员交谈时的反应。那些能自信地作出回应的老年人比那些作出消极或攻击性回应的老年人被评估为更能干。

需要老年人作出自信反应的一些挑战中，包括如下一些情境：

❖ 面对别人说的年龄歧视的话；
❖ 与成年的儿辈和孙辈讨论家庭问题；
❖ 为争取老年人的权利（包括作为祖父母的权利）而游说；
❖ 希望受到保健和保险机构的更好的对待；
❖ 希望有更多时间与孙辈们在一起；
❖ 教导年轻人（包括自己的儿辈和孙辈！）尊敬老人。

如果你的年纪足以参加美国退休人员协会，或者甚至领取社会保障金，我们希望你把上述情境添加到你的自信目标之中。复习一下第5章关于自信行为基础的内容，以及第13章中的步骤，并将这些原则和方法运用到满足老年人的特殊需要的具体情境之中。

最后，请考虑一下：这并不仅仅是你的事情。我们要求我们自己这些"灰发人"记住下面的忠告：

❖ 是你在教你的孩子（以及别人）如何对待你。你如何对待他们，以及如何对待自己的父母和其他老年人，都是在教他们如何对待你。

❖ 老年人并不因为自己的两鬓斑驳而比其他人拥有受到更多尊重的权利。要平等地对待店员、护理人员和你的孩子们。他们不是你个人的奴仆。你希望他们怎样尊重你，你就要给他们同样的尊重。

## 自信与家庭里的平衡

让我们按照下面的方式对家庭中自信的讨论作一个总结：

❖ 自信行为可以使各个年龄的家庭成员都更好，并能加强相互之间的关系；
❖ 诚实、开放和不伤及别人的自信交流，是每个家庭成员都期待的，并且是很有价值的；

❖ 孩子和各个年龄的成年人都应该学会在家里——以及在外面——更自信，并且要超越这种关系；

❖ 成功的家庭关系——以及在外面的关系——的关键是相互尊重；

❖ 本书中介绍的自信的定义，以及相关原则和方法，对成年人、孩子以及老年人都适用（比如，榜样、预先练习、反馈、练习、相互尊重和个人权利）。

相对于改变个人行为而言，家庭系统中的改变更加困难，需要花更多时间和精力，并且有更大的潜在风险（家庭可能遭到破坏）。我们鼓励你认真评估、稳步进行，让每个人都参与，避免强迫，容忍失败，并记住，没有人是完美的，没有任何方法是完美的！要尽全力在家庭和家庭之外建立受人尊敬的自信关系。

# 第 *16* 章

# 自信、亲密和性

> 我的感觉棒极了，我几乎每天有性，几乎每周一，几乎每周二，几乎每周三……
>
> ——杰克·拉兰尼，瘦身宗师，写于93岁

按照作家朱迪斯·维奥斯特的说法，"我爱你"可以被翻译成心甘情愿地帮我系滑雪靴的鞋带，愿意听我谈论婴儿腹泻……以及，在我做了蠢事之后，对我毫无怨言。

杰克·拉兰尼对性的语义双关的俏皮话，以及朱迪斯对爱的思考，点明了本章的两个主题：性和亲密。你会发现，更多的自信既能改善你生活中的亲密关系，又能改善性关系。（"等一下，亲密和性不是一回事吗？"）

## 亲密和性是一回事吗

亲密和性这两个词被很多人混用。他们把性的表达与亲密的表达相提并论，就好像两者之间可以画等号一样。

不能画等号。

亲密所包含的内容要远远多于性。打个比方：在一个装满其他食料的碗里放入一点点桂皮香料，会使做出的菜变得味道十足。性就像桂皮香料，它增加了味道，但远远不是一道完整的菜。

由于我们对自信和平等的人际关系的强烈兴趣，我们曾对能促进健康的亲密伴侣关系的因素做过大量研究。在我们的书《彼此接受》中，我们描述了亲密关系的六大要素。性并不是最主要的因

素。当然，性很重要，但却是"替补选手"。

别误会。我们并没有低估性关系的重要性，它只是不像很多人想象的那样是至关重要的因素而已。

当任何人问配偶们，性对于他们的整体幸福而言，到底有多重要时，大多数配偶会将其排在诸如沟通、理解和承诺等因素之后。你可以猜出这是为什么。真正亲密的性表达，是健康的亲密关系的结果，而不是原因。尽管人们普遍迷信性是一对幸福配偶的最好标志，但实际情况却是，幸福取决于配偶之间的全部关系，性是其中的一部分，且是很小的一部分。

如果不是性，那么亲密是什么呢？

下面是我们的定义：

> 亲密是彼此深切关爱的两个人之间关系的特点，主要特征表现为相互**吸引**、开诚布公和真诚的**沟通**、对维持伴侣关系的**承诺**、**享受**他们的共同生活，对双方关系的**目的**意识，对双方能够互敬互重的**信任**。

真正的亲密是这六个因素的一种复杂融合，这六个要素的首字母组合在一起刚好是"接受[①]"一词（这并非巧合）。这种亲密体现为接受自己，接受彼此，接受你们之间的关系。接受是亲密的真正核心。

还应该注意，每一个亲密的伴侣关系都是独立的系统，伴侣双方、关系中的六个要素以及环境在其中不断地相互作用。

亲密是将爱的关系的几乎各个方面编织在一起的重要编织线。当它健康时，就能增进双方的幸福感、满意度和成就感，可以

---

[①] attraction（吸引），communication（沟通），commitment（承诺），enjoyment（享受），purpose（目的），trust（相信），六个单词的首字母组合在一起是ACCEPT（接受）。——译者注

改善彼此间的沟通、态度，可以让彼此更加相爱，让性生活更为和谐。在考虑亲密中的自信时，别忘了性。

## 这就是全部吗

对于每一对配偶而言，性的重要性是不同的，当然，如果没有性关系，就会失去表达爱的一条重要途径。然而，如果性成了这种关系中首要的事情，双方的关系可能会很肤浅、很脆弱。

在非常亲密的关系中——比如情侣之间——经常会想当然地认为彼此了解对方的感受。这种假设可能会导致婚姻诊所充满这样的抱怨："我从来都不知道他的感受"，"她从没有告诉我她爱我"，"我们彼此无法沟通了"。治疗专家经常帮助配偶建立一种能使双方公开地表达自己的关爱的沟通方式。这种关爱的表达不可能解决所有不健康婚姻的问题，但能够通过帮助双方回忆起自己最初对这段关系的美好感觉，而起到"加固基础"的作用。

阿诺德·拉扎鲁斯是鲁特格斯大学的心理学家，他总结出会在人际关系中造成问题的24个"神话"。他指出，"真正的情侣通常会自动地了解对方的想法和感受"，这种想法对亲密关系特别具有破坏力。那么，他的建议是什么呢？不要认为这是理所当然的！不要假设！要沟通！

但是，用"自我表露"来要求你的伴侣，对你们的关系也是无益的。与对方分享；但是，将"分享"极端化，就会给你们带来麻烦。在"绝对忠诚"的伪装下，把"每一件"事情都告诉你的伴侣是一种自我放纵的情感行为，不仅不会让你们的关系变得更亲密，还有可能让你们之间的距离进一步拉大。不要让自己的亲密关系成为"毫无保留的自我表达"这一圣坛上的牺牲品。如果你要这样做，请不要管这个叫"自信"！

# 自信的性

在前面几章中，我们是把自我表达作为所有人的需要来讨论的。性表达是自信原则的特殊应用。焦虑、技巧、态度、障碍，以及第8章提到的语言和非语言行为构成要素，都是性沟通的要素。你已经掌握的关于自信的知识，是你自信的性沟通的一个良好基础。

在性关系中，非直接攻击——所谓的"消极攻击行为"——是一个比在其他关系中更经常出现的因素。这是一种用来让对方感到内疚或难过、把责任推给对方或操纵对方做一件事情的行为方式。用到的招数有很多种：阿谀谄媚、故作忸怩、噘嘴挑逗、寻求同情、抱怨、哭泣、找茬、装成"难以接近"，甚至撒谎。

第184页的"性沟通方式"描述了表达性感受的四种方式，为了明确说明每种方式的含义，我们又把每种方式分为了五个方面：特征描述、内心想法、外在表达、影响和身体语言。

对这四种性沟通方式，要记住几个重要事项：

首先，没有人纯粹属于某一种方式。一个人可能会主要倾向于某一种方式，但我们所有人有时候会表现出所有四种行为方式。来吧，承认吧，你也是这样的！你有时候会噘嘴挑逗对方，或者会表现得过于激烈，或笨手笨脚，不是吗？当然，你有时候也会相当自信、直接而且把握十足。我们都喜欢十足的自信，但没有谁是完美的！

第二，性沟通的目标是让你能够依照自己的意愿作出反应或选择。很多人不会主动反应，缺乏了解和把握自己的性表达所需的技巧、态度和行为。而那些在这些方面作出努力的人，确实发现自己的性关系开始变得更满意、更完满。

第三，我们还不知道某些行为的动机。我们愚弄了自己。当然，我们以为自己总是知道自己以某种方式作出反应的原因，但是精神分析学（研究有意识和下意识之间的人际关系）却说："别这么肯定！"那些尚未被理解的感受可能会出现在意想不到的行为方式中。

第四，所有的性沟通都是双向的，是相互都在意的。这又让我们回到了奉献与承诺的话题。要记住你的目标。这个目标不是操纵对方，不是欺骗，不是始终讨好对方，也不是你永远正确，而是双方一起解决问题，并且要认识到双方在性沟通中具有同样的作用。

第五，身体语言和话语对性表达来说都是重要的。表16-1对关键要素作了提示。要记住，性自信远远不仅仅是你所用的言语。在这里，身体语言比在其他情境中更重要！

## 表 16-1 性沟通方式

| 行为 | 特征描述 | 内心想法 |
| --- | --- | --- |
| 不自信 | 犹豫、害羞 | "她在性生活中过于粗俗。"<br>"他说今晚我在性生活中不投入,这伤害了我的感情。" |
| 非直接攻击 | 拐弯抹角、操纵、暗中行事 | (她说"不",让他很不高兴)<br>"我要激怒她……暗示她有外遇。"<br>"呃,今晚又要做爱!我得装病。" |
| 攻击性 | 要求过多、强迫、固执己见 | "他爱抚我的方式简直糟透了。"<br>"为什么他就不能改变一下做爱的方式呢?" |
| 自信 | 诚恳、开放、坦率 | "最近我们的前戏实在太短了。"<br>"最近她对我不像原来那么有反应。" |

## 自信、亲密和性

| 外在表现 | 影响 | 身体语言 |
|---|---|---|
| "你不觉得你今晚有点粗俗吗？"<br><br>"对不起，我今晚表现得不太好。" | 气恼 | 模糊的<br><br>隐藏的 |
| "这篇文章说，对夫妻性生活不太感兴趣的人常常是有外遇，你读过吗？"<br>打哈欠，表情痛苦，叹气，经常揉肚子，做痛苦的表情。 | 愤怒 | 不协调的<br><br>破坏性的 |
| "你可真够笨的！"<br><br>"你疯了吗？<br>所有人都喜欢这样做！" | 敌意 | 生硬粗暴的<br><br>对抗的 |
| "我们最近性生活的前戏实在太短了。我喜欢前戏，希望能再长一些。"<br>"我觉得最近在性交时你不像原来那样有反应了。" | 愉快 | 直率的<br><br>直接的 |

# 性是一种社会行为

新的知识和更好的性表达会给双方带来更多的责任。性安全、性别角色、性少数群体、早孕、避孕、性传染病、流产、滥交、卖淫、强奸——围绕性行为所产生的社会问题数不胜数。性不再只是两个人之间的私密事情了。

本书不是展开讨论这些问题的地方，但为了鼓励一种自信的生活方式，包括在性方面的自信，我们必须涉及一些我们特别关心的问题，尤其是那些几乎每天都出现在新闻中的话题。我们并不指望能为这些重要社会问题提供什么解决之道，只是提出几个观点：

❖ 对儿童的性教育的责任属于家庭、学校和媒体。没有合理的证据证明让年轻人了解他们的身体、性以及生殖过程会造成过早的性行为。但是，有大量的证据证明，缺乏适当的性教育造成了大量谁也不愿看到的少女早孕和性传播的疾病。

❖ 我们所有人必须学会与别人公开讨论性的问题。大多数性侵犯行为都是熟人、朋友和——难于启齿——家庭成员做出的。我们每个人都必须学会尊重和保护我们的身体，必须学会直接而自信地对不想要的性要求说"不"。这种学习应该在孩子还小的时候就开始，最好是在家里。

❖ 每个人都有自主决定的基本人权。这是自信的一个基本原则，正如本书一再强调的那样，我们每个人都有做自己的权利、表达自我的权利以及因这样做而自我感觉良好的权利（而不是无权和内疚），只要我们在这个过程中不伤害其他人。

❖ 安全性行为的知识，对每个成年人和青年人都是极其重要的。

## 自信的性生活的几个基本技巧

性沟通有一些常见的基本情境，包括一些在性关系中反复出现的主要情境。下面是几个对你有用的情境，以及一些"智慧之语"：

**说"不"。**由于性沟通的敏感性，在说"不"时多一点儿同情和理解，可能就不会伤害对方。

"我不想伤害你的感情，但不可以，我不想这么做。"

"我爱你，但今晚我真的太累了。明晚怎么样？"

（我们在后面会讨论比简单说一个"不"更复杂的情境。）

**说"是"。**我们都喜欢来点激情，特别是在我们提出这种事的时候。

"没问题，我会去做！"

"听起来不错，好吧。"

"好，我们今晚做爱吧。"

**来点好玩儿的。**为什么性生活就要单调乏味、无聊或一成不变呢？为什么不能冒点儿险，一起探索、尝试些新玩意儿呢？我们需要更自由、更富想象力、更好玩儿的性生活方式。

"亲爱的，我刚读了这本新书，我今晚特别想试一下第85种体位。"

"用杏仁油做按摩怎么样？我们还得点上一些香！"

"让我们今晚只亲吻和爱抚，不做爱。"

**倾听。**上面几种情境都涉及到说。另一方面，倾听却成了一种失传的艺术——尤其是在亲近、私密、亲密的关系之中。拿出时间来听听你的伴侣在说什么吧。婚姻治疗医生经常通过安排家庭作业来帮助夫妻双方改善倾听能力。例如，在你作出回应前，先复述你的伴侣说的话，并确定你听到的准确无误。然后，让你的伴侣也这么做：在作出回应之前，充分、准确地听。这肯定有助于你感受到对方对你的倾听和重视！

**协商和妥协**。这是有助于婚姻和性关系的各个方面的技巧。学会给予和接受，学会让对方知道你的渴望，并且学会谦让，对于自信的性关系都是非常必要的。

## 当说"不"无法应付的时候

对女性的性强迫、性侵犯是当今的一个主要社会问题。各种评估和研究的发现很不相同，但18岁以上的女性中至少有四分之一的人有过违背自己意愿的性经历。大多数这类不幸事件都涉及朋友、亲戚或约会对象，只有一小部分是由完全陌生的人干的。太多的女性不能说"不"并且说到做到——太多的男人像被娇惯坏了的孩子一样，根本不能接受"不"这样的回答。

既然女性通常是性侵犯的牺牲品，对付此类问题的大多数方法也都是主要为她们而设计的。在男人们学会承担起尊重女性的责任之前，我们只能努力帮助女性获得自我保护的技能。自信训练已经在这方面有了很好的应用效果。

下面是一些增进自信以防止不情愿的性要求的建议：

❖ 学习自信技巧以做好必要的准备。
❖ 与约会对象和同事公开地谈这一话题。
❖ 一开始就要说明白——设立限制。
❖ 不要给对方造成期望。
❖ 不要发出双重信息。
❖ 当超过限度时，要坚定地说"不"。
❖ 要求你的伴侣（约会对象，同事）负起责任。

❀ 为自己预留退路（不落入圈套）。
❀ 如果你的话被忽视，要提高声调。
❀ 一旦受到侵犯，要向相应机构报告。

我们希望你开始着手改善自己对付这类情境的自信。练习在各种情境下说"不"的能力，特别是那些你可能被卷入其中，但你想尽力避免的情境。

对于男性读者，我们强烈要求你重新考虑自己对女性、对性、对每个人都拥有的自主决定的权利，以及对相互尊重的态度。如果你容忍或者鼓励其他男人在性方面"证明自己"，即使你自己并没有亲自参与强迫性行为，你对这类事情的发生也有责任。如果你认为共进了一次晚餐，一起看了场演出，或者约会了几次，或者有了对未来关系的承诺，自己就"挣得"了违背对方意愿发生进一步性关系的权利的话，那么你就仍然身处"四肢发达、头脑简单"的行列。我们希望你好好地想想，如果你真的能够接受一个与你保持平等关系的女子，如果你能够按照平等的要求去尊重她，你该采取何种行动。然后就这么做。

美国总统巴拉克·奥巴马在《魅力》杂志2016年的一篇文章中曾写道："与性别歧视作斗争也绝对是男性的责任。作为配偶、伴侣和男友，我们需要努力，并认真考虑建立真正平等的关系。"

## 亲密关系中的自信和平等

我们在本书中多次指出，真正的自信是在人际关系中建立平等关系的一种手段，而不只是为了表达你自己的需要。这一点在亲密伴侣关系中的应用，要比在其他任何方面都更直接。在一个以平等、爱和真实的自信表达为特征的关系中，亲密因素可以成长为双方在各个方面的相互满足。没有这些特点，就不存在圆满的亲密关系。

# 第5部分
# 运用自信

# 第 17 章

# 愤怒不简单

> 愤怒时，数到4；很愤怒时，就咒骂。
>
> ——马克·吐温

马克·吐温至少说对了一半，数到4——或40——也许是处理愤怒情绪的一个非常健康的方式，（只是不要让你的敌意随着数数而逐步升级！）至于咒骂，可能就不是一个好办法了。

现在的有些研究指出，表达愤怒——无论是否用自信的方式——可能并不总是个好办法。在本章中，我们将讨论什么是愤怒、如何对待自己的愤怒情绪，以及如何处理别人对你的愤怒。在下一章中，我们将提供许多有关你可以对自己的愤怒做什么以及你如何处理自己的愤怒的建议。

## 愤怒真的不简单

我们很愿意提供一个简单的、"三段式"的方法，帮你处理生活中的愤怒。但我们做不到。愤怒是复杂的，处理愤怒的方法也是复杂的。

我们都喜欢简单的答案。今天，我们会将选票投给那些用圆滑的方法去解决复杂问题的公职人员。但愿好人和坏蛋——像在老式西部片中那样——还能根据帽子的颜色把他们区分清楚！我们想过度简化"因"和"果"之间的关系。对于"我为什么会有这种行为？"这样的问题，我们希望答案是："因为你过早地开始了如厕训练。"或者"因为你的家庭不够完整。"或者"因为你在家里排行在中间。"我们一直在寻找取巧的公式去解释神秘而复杂的人类社会。

愤怒就是这种"简单化的心理学"唾手可得的靶子之一。这种心理学要么是将愤怒当作一种罪孽（不惜任何代价去避免），要么就是当作某种"发泄"（因而要不惜任何代价去表达），要么就是上述两者之间的其他选项。正确的答案是："以上都不对"。

## 我们对愤怒了解多少

尽管在研究愤怒问题的专家之间有很多争论，但也有一些重要的共识：

- 愤怒是一种自然的、正常的人类情绪；
- 愤怒不是一种行为风格（尽管人们通常将情绪和行为混为一谈）；
- 适度的愤怒是健康的——是有问题需要解决的一个信号；
- 长期的愤怒会对健康构成严重威胁；
- 我们可以——而且应该——学会平息大多数愤怒，甚至是在愤怒形成之前；
- 在必须表达愤怒的时候，应该学会有效地表达的方法——为了解决问题，而不是报复。

## 关于愤怒的流行神话

上面的六点使我们有了一个坚实的基础，可以以此出发来看看关于愤怒的流行神话。这些流行观点确实是错误的。

## 神话1：愤怒是一种行为

让我们从澄清一个广泛流行的对愤怒的误解来开始探讨。愤怒不是一种行为，而是一种情绪。对愤怒情绪和攻击行为的混淆，使很多人很难处理这种自然的、普遍的、有用的人类情绪。

有些人说："我从来没有愤怒。"我们不相信！任何人都会愤怒——也就是说，每个人都体验过愤怒的感觉。然而，有些人学会了控制，不会公开地表现出愤怒，他们选择不表达自己的愤怒。通过尽量少生气，并培养在生气时以非破坏性的方式处理自己的愤怒的方法，你就能使攻击行为成为不必要。

## 神话2：不要表露隐藏的愤怒

对于很多人而言，愤怒一直是最难对付的情绪之一。在自信行为训练中，一旦主题涉及表达愤怒的时候，经常会有学员选择暂时离开。有些人已经将自己的愤怒"埋葬"了很多年，对表达愤怒情绪的潜在后果感到害怕。他们认为任何表达出来的愤怒都会伤害到别人。"我宁愿默默忍受，也不愿伤害他人"是一个常见的、令人遗憾的借口。

人际关系中有许多因为没有妥善解决的愤怒而导致的痛苦。双方都受着折磨。愤怒的一方默默地生闷气，而另一方继续按使别人生气的方式行事，并对双方的关系不断恶化感到不可理解。

但是，处理长期"埋葬"的愤怒，可能和你想象的不一样。捶枕头或对着一把空椅子大喊大叫并不是办法，而是要找到当初引起愤怒的原因——可能是你自身的原因，也可能是外部的原因。

## 神话3：愤怒的人就像一个冒着热气的水壶

多年来，心理学家和公众一直笃信老弗洛伊德的观点，认为强烈的情绪在我们体内某处不断积聚，如果不以某种方式发泄出去，最终会爆发。其通俗的说法就是："你需要把情绪释放出来！"也就是说，通过表达愤怒，情绪会得到释放，并能防止与"情绪在体内积聚"有关的各种健康问题。

当代的研究表明，"冒热气水壶"理论是不对的。我们现在知道，这种方法不管用。实际情况是，我们记住了这些恼人的经历，当这些记忆被唤醒时，我们会再次体验到愤怒的感觉。慢慢积聚情绪的"开水壶"与存储着体验的"记忆库"有很多不同，"水壶"只需要将积聚的压力释放出来；而记忆只能通过某种方式解决问题才能得到满足。

## 神话4：发泄有益健康

在对愤怒进行研究的人员之间争论时间最长的问题之一，就是"发泄"愤怒情绪有什么价值。很多人喜欢用枕头、泡沫球棒和其他无害的东西，或者对着一把椅子大吼大叫来对愤怒情绪进行生理"释放"。另外一些研究人员则指出，这种发泄方式会增强愤怒情绪，并会教给他们即使是在"不安全"的时候（比如，当着别人的面或有可能发生暴力冲突时），也会以攻击性的方式发泄愤怒情绪。

另外，与流行想法相反，愤怒情绪并不能通过攻击行为释放出来。捶枕头、破口大骂，以及踢足球或拳击，正好能让人学会以攻击行为来对待愤怒情绪。

当前的大量证据清楚地表明：发泄愤怒情绪于心理健康无益。

以身体攻击的方式表达敌意不能解决任何问题。拍桌子、跺地板、大叫、挥拳头、打枕头——都是一些不针对他人进行攻击，并且临时表达强烈情绪的方法。然而，并不是处理你的愤怒的有效方法。

社会心理学家凯罗尔·塔威利斯博士将愤怒作为一种社会现象来研究，人们广泛认可她的研究结果是准确而权威的。她指出了一些神话，并作了澄清：

>   神话：攻击是愤怒情绪的本能宣泄。
>   事实：攻击是一种养成的宣泄习惯。

>   神话：把愤怒说出来，就能摆脱它。
>   事实：公开表达可能会积聚甚至增强愤怒情绪。

>   神话：发脾气是愤怒情绪的健康表达。
>   事实：如果发脾气能达到目的，孩子们就会将其当作一种控制别人的方法。"情绪受行为规律支配。"

## 神话5：愤怒需要表达出来

在这本书50年前的早期版本中，我们鼓励读者和我们的患者尝试利用身体方法来表达和发泄强烈情绪，包括打枕头、大喊"不！"或"我真的很生气！"或撕扯毛巾。

在后来的研究中，我们失望地发现：人们学会了这些技巧，就会经常破坏性地加以运用——不管是在治疗室还是在其他地方。如果手头没有枕头，他们可能会把离自己最近的家伙拉过来揍一顿。

因此，我们转而强调"非破坏性"的语言表达，教人们无拘无束地说出那些不公正的事情或者自己认为不公正的事情。

但是，对人类情绪的研究在不断进步。现在，我们必须再一次对那些新证据作出响应。医学研究对"自然表达"方法的某些方面提出了质疑。最新的研究成果来自于敌对情绪对心脏的长期影响。我们会在本章的稍后对这一话题进行讨论。最主要的是：有时不把愤怒情绪表达出来也许会更好。

## 神话6：告诉其他人，但不是那个你在生他气的人

人们经常用间接的、伤害人的方式向另一人表达自己的愤怒、挫折或者失望。如果你想改变对方的行为，这种方法很难凑效。

> 刚刚结婚的玛莎和约翰的故事是一个"经典"的例子。在刚结婚的头几个月里，玛莎在约翰身上发现了至少一打"她不喜欢的习惯"。对双方都不幸的是，她不能——或不愿意——鼓起勇气坦率地向约翰说出自己的想法。既然没有选择"安全"的方式表达对约翰行为的不满，她就私下告诉了自己的母亲。更糟的是，她还不满足于每天在电话里向母亲说约翰的缺点，还利用偶尔回娘家的机会，在全家人面前说约翰的不好。

这种"看他有多不好"的方式——告诉第三人（或很多人）你对一个人的不满——会对双方的关系造成灾难性的后果。约翰感觉受到了伤害、尴尬，并对玛莎的抨击充满了敌意。他非常愤怒，因为她没有与他在私下进行直接沟通。他没有受到改变自己的激励，相反，他对她的攻击行为怀恨在心，并要反击——玛莎期待改变的那些习惯越来越变本加厉了。

假如玛莎能够将自己的感受直接告诉约翰，她会为双方的共同努力创造一个良好的基础，既能改变约翰的行为，又能改变她自己的无效回应方式。

如果约翰在这一过程中早点作出自信的反应，他也许能够防止玛莎攻击行为的加剧，并避免怨恨和不满情绪的加强。相反，他作出报复决定，在两人之间"钉了个楔子"。看起来约翰和玛莎只有接受婚姻治疗和离婚这两条路可选了。

## 愤怒的真相是什么呢

我们已经对几个广泛流传的神话作了探讨，现在让我们考虑一下这些神话以及其他错误观念在一个更大的范围内的情况。

下面是一个表格，我们对当前一些关于愤怒的流行观点进行了总结，并将这些观点分为三类：事实——通过认真的研究被清楚地证实，或已经自我证实了的；理论——有一些确实的证据但缺乏明确的证明，并且有时会误导我们；神话——一些像我们已经讨论过的那六点，以及那些尽管被人接受，但却被证明是错的，或只是表面上正确但包含错误的假设的观点。

## 愤怒会损害你的健康

你听说过"A型"行为吗？

早在20世纪70年代，加利福尼亚州的心脏病专家米耶尔·弗里德曼（Mier Friedman）和雷·罗森曼（Ray Rosenman）就用"A型"来描述难以驾驭、野心勃勃、易怒的男人的行为。这些所谓的"A型"性格的人比"B型"的人更容易患心脏病——"B型"性格的人更随和、放松并容易相处。这个概念被广泛接受，成千上万的男人试图让自己从"A型"转变为"B型"。然而，后来的研究无法证实"A型假说"，使这一理论一度失去了人们的尊敬。

到了世纪之交，"A型"理论得到了从对心脏病人的研究中的一个重要新发现的证实，使它又引起了人们的重视。好像并不是"A型"行为本身造成了心脏问题，但敌对情绪却是引发心脏病的关键原因。精神病学家雷德福德·威廉姆斯（Redford Williams）和他杜克大学的同事一起提出了"敌意综合征"这一概念——一种态度和行为的集合——它在预测心脏病方面有着令人惊异的准确性。

杜克大学以《明尼苏达多相人格调查表》这一著名的心理

## 愤怒：事实、理论和神话

| 事实 | 理论 | 神话 |
|---|---|---|
| 愤怒是一种含有身体因素的情绪，而不是一种行为方式。 | 应该忍住愤怒，直到能以平静、理性的方式表达出来。 | 发泄（通过大喊大叫、捶枕头、用泡沫球棒敲击）能"释放"愤怒，并因而得到"处理"。 |
| 在人类中，愤怒是普遍存在的。 | 在我们的文化中，男人比女人更容易表达愤怒。 | 愤怒应该总是被立即、自发地表达出来。 |
| 关键在于解决问题。因而，表达愤怒的方法非常重要。 | 在我们的文化中，女人因其社会条件而总是难以表达愤怒。 | 女人比男人较少愤怒。 |
| 发泄愤怒——宣泄——不是一个好主意。除非这是为解决问题创造条件。 | | 有些人从来不愤怒。愤怒是一种"次级情绪"，在其后面隐藏着另外的"真实"情绪。 |
| 攻击性的表达会导致进一步的攻击性表达，而不是问题的解决。 | | 电视中的暴力、剧烈运动，以及（或者）竞争性的工作可以"释放"愤怒。 |
| 愤怒不是一种"冒蒸汽水壶"现象：它不会不断"积聚"造成最后的"爆发"。 | | 攻击行为是一种人类本能。 |
| 绝大多数的愤怒是指向那些与我们亲近的人的，而不是陌生人。 | | 愤怒总是一种破坏性的、有罪的、不受欢迎的情绪。 |
| 长期的敌对情绪会增加患心脏病的风险。 | | 对愤怒的言语表达总是值得做的。 |
| 平息愤怒是处理愤怒情绪的最健康的方式。 | | |

调查问卷为基础,对敌对情绪做了大量的病例研究。研究显示了有害的愤怒的三大要素:愤世嫉俗的想法,愤怒的感觉和攻击行为。

顺便说一下,数十年来,绝大多数心脏研究的对象都是男性,但最近,越来越多的研究也开始针对女性,其研究结果与男性类似。

威廉姆斯的研究结果写入了他与其妻子合著的《愤怒可杀人》一书中,这本1994年美国最为畅销的图书使得他的研究为世人所熟知。尽管事实并非如书名所显示的那样夸张,但长期的愤怒的确可致人死亡。

科罗拉多州立大学心理学教授查尔斯·科勒是发现人长期愤怒会对健康产生确切危害的另一位研究人员。科勒对50名心脏病患者进行了研究,并认识到:对于一些患者来说,仅仅是讨论一些会引起愤怒的话题就会导致他们的大血管收缩,而大血管收缩会造成血液流速减缓,从而会引起血压升高,并带来心脏病发作的危险。对于那些长期愤怒的人——大部分时间都在愤怒的人——科勒认为其血液量也是长期受到抑制的,心脏病发作的危险也随之增加。

霍夫斯特拉大学的心理医生霍华德·卡西诺夫和州立康涅狄格中部大学的奇普·塔弗雷特提供了一个很有用的"发怒指数温度计",可对一个人的愤怒程度进行一个大概的计量。你会发现,当你反省自己的愤怒并考虑怎样处理愤怒时,经常参考一下"发怒指数温度计"会很有帮助。

## 为什么我会如此愤怒

你想更多地了解一些自己对人、对事的愤怒反应吗?在这里我们列出了一些因素,可以作为你自己回答这个问题的参考。当然,有些因素是你没办法改变的,但不要泄气,还有很多因素是你可以控制的:

**你的基因**。我们还没有彻底了解基因，是的，也许我们永远也不可能完全了解。但是，心理学的现有大量证据已经证明，我们的性格大约有一半是由"基因"决定的。也就是说，我们一出生就有了某种行为倾向。在某种尚未被我们完全所知的程度上，我们的"愤怒阈值"就是这些天生特性之一。

**你的大脑**。大脑对于愤怒有着很重要的作用，但可能并不像听上去那么明显。在我们大脑极其复杂的结构中，大脑的情绪中心（扁桃型结构）、记忆协调器官（海马状突起），以及思考中心（眶额皮层）之间存在着互补关系。如果某个感觉受到冒犯想作出愤怒情绪反应的人，已经学会了在作出激烈反应之前先去"用眶额皮层进行检查"，那么他的愤怒就有可能因更多的思考而得到缓和。简单地说，你可以通过训练大脑来抑制怒火，并避免随之而来的痛苦。（好吧，虽然大脑问题并不是我们的特长，但不管怎样，你明白我们的意思，不是吗？）

**你的教养**。早期的生活经历，尤其是你成长的家庭环境，很可能会成为影响你当前如何体验和表达自己的愤怒的最强有力的因素之一。爸爸和妈妈是如何处理愤怒的？他们是立刻爆发出来吗？他们是通过大叫大嚷或摔东西来发泄愤怒吗？他们会压抑自己的愤怒，并避免导致可能出现的冲突吗？或者他们树立了恰当地表达愤怒，保持对所有人权利的尊重的榜样？你的兄弟姐妹们又如何？他们是尊重你，还是欺负你？想想你的早期生活经历，以及这些经历对你对于愤怒的看法和做法的可能影响。

**你所处的环境**。让我们来想想愤怒的场景。你会在哪儿和什么时间感到愤怒？想想气温、污染、天气的因素。你遇到交通堵塞了？在人群中被挤来挤去？正在排队，而队伍移动得相当缓慢？生活在政治压迫之中？穷困潦倒？你是少数族裔，经常遭受不公平对

## 卡西诺夫和塔弗雷特的发怒指数温度计

这是一个帮助你学习就恼怒、愤怒和狂怒进行恰当沟通的工具。其目的是使你能够根据自己情绪的真实状态，选择适当的词语向别人直接地表达你的感受。毕竟，夸大或缩小你的感受都是毫无意义的。

仔细考虑你所面对的问题，检查下列词语，然后，完成以下句子：

"当我考虑目前正在讨论的问题时，我觉得_____
_____"

100° 狂暴 疯狂 狂乱 狂野 凶暴 发狂

90° 极度愤怒 恶毒 精神错乱 不调和 竭力反对

80° 激怒 震怒 狂怒 歇斯底里

70° 很愤怒 怒火中烧 暴怒 怒得冒烟 灼怒

60° 发火 恼怒 动怒 气恼 愤慨 激恼

50° 狂妄 有怒气 焦灼 生气 厌恶 恼火

40° 被挑衅 被驱迫 发脾气 任性 忧愁 心烦意乱

30° 厌烦 烦扰 气人 烦躁不安 慌乱 心神不宁

20° 慢跑 感动 冲动 吵闹 挑战

10° 激起 激励 警惕 睡醒 兴奋

0° 睡着 死亡 醉酒 昏迷

（霍华德·卡西诺夫博士、雷蒙德·奇普·塔弗雷特博士，《愤怒管理：从业者完全治疗手册》，2009年。）

待？很多人都有充分的理由以愤怒开始一天的生活。

**你的健康。**你有很严重的残疾吗？总是感到疲惫不堪吗？总是感到有压力吗？你的饮食营养均衡吗？你最近有没有通过体检来了解自己身体内部的问题？一旦遇到会诱发愤怒的情形，上述每种因素都可能让你比别人更容易感到愤怒。

**你的态度和期望。**你认为世界应该公平待你吗？让别人认可你的成就对你很重要吗？你有强烈的正义感吗？做事情都有某种"正确"的方法吗？人在生活中都应该守规矩吗？这些态度、观念和期望——尽管非常人性化——会让你在面对真实世界时感到愤怒。你如何看待表达愤怒这件事？如何是好，如何是坏？对配偶而非老板叫嚷就无所谓吗？你认为侮辱别人而不是冲他扔台灯就没问题了吗？

**你的工作。**你是不是和蛮不讲理的人一起工作？你对自己的工作和回报满意吗？如果你失去了工作，你可能会随时感到愤怒。

**化学物质的使用和滥用。**酒精和毒品是否在你的愤怒表达中扮演着重要角色？你体内的各种化学物质会降低你的正常抑制水平，从而导致问题行为的发生。你所爱的人是不是经常抱怨你酗酒和（或）发怒？尽管你可能认为这不是一个问题，但你最好对这些抱怨给予足够的重视。在这些物质的影响下，你很难有效地处理自己的愤怒问题。清晰的思路是有效的社会行为的先决条件。

花些时间想一想，并且在你的日志中记下你在生活中的愤怒经历。找出发怒的规律、诱发原因，以及发怒的对象，这都是你理解和处理自己的情绪反应的关键。你可能会发现愤怒比你所想象的更容易控制，尤其是如果你在生活中可以对不同的人用不同的表达方式。

# 第 18 章

# 对自己的愤怒，你能做些什么

你好，我的小愤怒。我会好好照顾你的。

——一行禅师

"我有点糊涂了。你一方面说，表达愤怒是不健康的；另一方面又说，你需要处理自己的愤怒，不要让它变为长期性的。哪一个是正确的呢？我们到底该不该表达自己的愤怒呢？难道我们简单地来个深呼吸，就能忘掉所有的愤怒感觉吗？绝口不提自己的愤怒真的是最健康的方式吗？"

我们要提醒你，没有简单的答案。人类的情绪复杂得难以想象，不存在任何能够解决所有问题的方法。然而，还是有一些指导原则，本章剩下的部分将致力于为你理清这些复杂的问题。

在开始之前，让我们回顾一下威廉姆斯夫妇的《愤怒可杀人》一书，看看他们在决定如何对愤怒情绪作出反应时的指导原则：

- "这件事值得让我持续关注吗？"
- "我是公正的吗？"
- "我能作出有效的回应吗？"

他们的建议是，当你开始感到愤怒时，先花一点时间（如马克·吐温所说的"数到4"）考虑一下自己是不是真的占在理上。（在第22章我们会提供一个采取自信行动的指南。）然后，如果你认为必须表达出自己的愤怒，那就要自信地表达，在此过程中不要伤害别人（不管是身体上还是情感上）。

当然，表达愤怒不是你唯一的选择。让我们考虑一下以下的选择。

## 好好照顾你的愤怒

正如越南的一行禅师在上一页的引语中建议的那样，愤怒是我们的一部分，值得我们去关心。不是说这是一件好事，但这是人类的正常行为。一行禅师提倡用正念来代替愤怒的表达。接受它，拥有它，拥抱它，承认它是你的"小愤怒"——你的一部分——并将这种认知作为自我接纳的起点。

冥想和正念提供了一种方法能解开愤怒给我们造成的心结。"吸气，我知道愤怒在我心中。呼气，我正在好好照顾我的愤怒。"一行禅师说道。慢下来，深呼吸，专注于当下的时刻，忽略之前发生的事（后悔）和接下来可能发生的事（担心），自我关怀——所有这些自我照顾的行为都会让你照顾好你的小愤怒，而不是让你的愤怒控制你。

我们在第11章提到过乔恩·卡巴特·齐恩博士有关正念的研究，他说："每次我们生气的时候，我们会变得更擅长生气，并会强化生气这一习惯。"也许是时候放弃你生气的习惯了？

## 接受你的愤怒

大多数处理愤怒的方法，包括本章后面介绍的我们自己的方法，都假定我们可以采取行动来克服或战胜或控制我们的愤怒。主流治疗学派认为心理健康是"正常的"，并认为情绪痛苦——如愤怒、焦虑和抑郁——应该得到治疗和并被消除。

接纳与承诺疗法（ACT）是一种相对较新的认知方法（由心理学家史蒂文·海斯（Steven Hayes）博士在20世纪末期创立），其建立在正念的基础上，并提供了一种通过不处理愤怒来处理它的方法。

接纳与承诺疗法采用了一项颇有争议的假设，即心理痛苦是人的正常状况，而不是一种可以回避、避免或是克服的障碍。这种方法接纳和拥抱——而不是试图避免或治愈——作为我们自身的一部分的情感上的不适。接纳与承诺疗法将接纳和正念与致力于促进健康行为改变的策略相结合。这个过程遵循正念冥想的路径，专注于当下的时刻，让大脑平静下来，慢慢呼吸——就像著名的宁静的祷文所建议的那样——并接受"我无法改变的事情"，包括情感上的痛苦和不适。

华盛顿大学心理学家玛莎·莱罕（Martha Linehan）的辩证行为疗法（DBT）是一种类似将认知行为疗法与正念相结合的适应性疗法。辩证行为疗法从莱罕博士的认知行为疗法（包括一些有关自信训练的重要贡献）的工作中发展起来的，还强调接纳。莱罕认识到，对于许多正经历严重的、使人衰弱的情感痛苦的病人来说，改变他们的想法或通过行为改变程序并不能带来解脱。她的"辩证"方法帮助他们平衡接受和改变，运用正念、痛苦承受、人际有效性（即自信）和情绪调节的技巧。由一位合格的心理治疗师确诊之后正确地实施治疗，辩证行为疗法就可以成为一个用以处理破坏性愤怒和其他严重的情感障碍的有力的方法。

## 解决问题

以解决分歧为目的的真诚而自然的表达，有助于预防随后可能出现的不恰当的破坏性愤怒情绪，甚至在一开始就能达到自己的目标。当你决定要表达自己的愤怒时，你能采取的最具建设性的步骤，是为自己的感受承担起责任。要记住，你感到愤怒是你自己的事，这不会让对方真的变成"傻瓜"或者"狗娘养的"，也不会使对方对你的愤怒负责。（第208页有一些表达愤怒的言语，可以帮助你自信地说出自己的感受。）

有效的愤怒表达的核心目标应该是解决造成愤怒的问题。"把感受表达出来"——即使是采用恰当的自信方式——也只是为实现这一目标提供了平台。解决与别人的冲突（或者你自己内心的冲突），是实现这一核心目标最重要的一步。这并不意味着你要捶枕头，直到自己精疲力竭；而是意味着通过放松、原谅、改变态度、协商、建设性地面对，以及心理疗法等途径，自己找到解决问题的方法。

如果你采取的行动无助于你处理或解决问题，你的愤怒情绪可能会增强，不管你是否把它表达出来。所以，要将你的精力集中到解决问题上。要通过与引起你愤怒的人自信地协商解决方法来解决问题。如果找不到直接解决的方法，就要使自己的内心获得满足（也许需要心理治疗专家或值得信任的朋友的帮助）。在这两种情况下，都不能只说："我简直快疯了！"而要接上一句："我觉得我们可以这么做……"

要正确看待自己的愤怒，不要把它看得无足轻重，也不要看得太严重。要找到引发愤怒的原因，学会在面对经常会感到愤怒的情境时"放松"，培养自己有效地处理愤怒的方法。要着重解决问题。

幸运的是，有一些被证明很有价值的方法可以为你提供帮助。这些方法包括三个基本指导原则：

1. 在生活中尽量不生气；
2. 在感到愤怒之前就着手处理；
3. 感到愤怒时，要自信地作出反应。

## 在生活中尽量不生气

我们的头10条摘自威廉姆斯夫妇的《愤怒可杀人》一书（我们说过非常喜欢他们的著作！）：

1. 改善你的人际关系。可通过参与社区服务、容忍、宽恕、甚至照顾宠物来改善你与别人的关系。大脑研究证明，良好的社会支持系统可以使大脑中皮质醇（对心脏有害）的分泌减少，增强免疫系统（对一切都有帮助），有助于保持好心情，并抑制坏心情。

2. 采取积极的态度。保持幽默感，相信自己不是万能的，把每一天都当做自己的最后一天。

3. 避免来自药品、工作压力、噪声和交通的过度刺激。

4. 倾听别人的意见。练习相信别人。

5. 拥有一个知己。结交一个朋友，并经常一起聊聊；甚至在你感到压力之前就要这样做。

6. 自嘲。你自己真的很可笑，不是吗？（每个人都是如此。）

7. 冥想。让自己平静下来，与自己的心灵进行沟通。

8. 增强自己的同情心。想一想，对方今天可能真的很倒霉。

9. 宽容。你能接受各种各样的人吗？

10. 原谅。在生活中，我们不能对别人求全责备。

在威廉姆斯夫妇提出的这10条之外，我们自己又增加了3条：

11. 要努力解决与别人之间的问题，而不是要战胜对方。

12. 生活要有条理。当你感觉会出问题的时候，就要立即处理，不要拖拖拉拉，等上几小时、几天、几周才去解决问题。若不能立即着手处理，就要确定一个自己能够并且愿意处理的具体时间。

13. 饮酒要适量，绝不吸食毒品。酒和毒品也许能够让你暂时从焦虑、沮丧和压力中解脱出来，但并不能解决问题。而且，还会减低抑制能力，并且会导致不恰当、不必要的愤怒表达。

## 在感到愤怒之前就着手处理

愤怒是一种自然的、健康的、无罪的人类情绪，并且尽管我们竭力减小其对我们生活的影响，但不管是否将其表达出来，我们每个人都会一次又一次地体验到愤怒。所以，除了上面的步骤之外，你还会想在感到愤怒之前就做好准备：

14. 记住，你对你自己的感受负有责任。你可以根据自己看待各种情况的方式，选择自己的情绪反应。正如心理学家格雷·麦凯（Gray Mackay）和唐·丁克米耶尔（Don Dinkmeyer）所说的那样：如何感觉完全由你自己决定。

15. 记住，愤怒和攻击行为不是一回事。愤怒是一种情绪，而攻击是一种行为方式。愤怒可以自信地表达——攻击并不是你的惟一选择。

16. 认识你自己。要搞清楚什么样的态度、环境、事件和行为会引起你的愤怒。正如一位智者所说的："要知道自己的'按钮'在哪儿，以便在别人按它的时候，你能知道。"

17. 花些时间，检查一下愤怒在你生活中所扮演的角色。将那些会使你愤怒的情形，以及你希望如何处理，记在你的日志中。

18. 跟自己讲道理。要认识到，你的反应不会改变对方，你能改变的只有你自己。

19. 改变自己愤世嫉俗的思维方式。学习一些有效的思维方法：暂停思维法、分散注意力、冥想（具体方法见第10章和第11章）。

20. 不要让自己感到愤怒。当你不得不在缓慢移动的队伍中排队等待时（比如在银行、在交通堵塞中），你的脾气会变大，要找一些替代方式来完成这些事情（比如使用网上银行、找到另一条新路线、利用这种时间去解决问题）。

21. 学会放松。学习自我放松的技巧，并要学会在你的愤怒被触发的时候，运用这些放松技巧。你可能希望进一步通过"脱敏法"让自己对那些可能诱发愤怒的特定情境"变得不那么敏感"（关于"脱敏法"，可参阅第11章）。

22. 学习一些应对策略，从而在感到愤怒时能够有效地处理，包括放松、消耗体力的活动、应激接种法，以及寻求自己内心的平衡。

23. 将愤怒留到重要的时候再表达。注意保持与别人的良好关系。

24. 培养并练习表达愤怒情绪的自信方式。这样，当你需要时，这些方法就可以为你所用。要按照你从本书中学到的原则行事：要尽量自然地表达；不要让不满情绪滋生；直接说出你的愤怒，但不要指责别人；要避免挖苦和讥讽；使用真诚、富有表现力的话语；用你的姿势、面部表情、手势、语调传达你的感受；避免辱骂、贬损、人身攻击、高高在上和敌意；努力解决问题。

现在，你已经为处理愤怒情绪奠定了一个健康的基础。继续阅读下一部分内容，当感到愤怒时，作好处理的准备。

## 感到愤怒时，要自信地作出反应

25. 花一点时间考虑一下，这种情况是否值得你耗费时间和精力，以及发怒可能会造成的后果。

26. 花再多一点时间来决定你是否希望与别人一起处理这种情况，还是你自己在内心解决。

27. 将上面第22条和本章末尾所列的应对策略付诸实践。

如果你决定采取行动：

28. 说一些关切的话语（自信地）。要注意使用"我句式"（见第8章）。

29. 安排出解决问题的时间表。如果可能，要马上处理；如果不行，就安排一个随后处理这个问题的时间（由对方或你自己决定）。

30. 直接说出你的感受。运用你在本书中所学的自信方式、恰当的非语言暗示。（在你真的感到愤怒的时候，微笑显然是不合适的！）

31. 对自己的感受负责。你是在对一件事情发怒，做这件事情的人并没有"使"你发怒。

32. 只针对具体的事情和当前的情境。避免一概而论、推而广之，更不能翻腾出那些陈谷子烂芝麻。

33. 要朝着解决问题的方向努力。你只有在用尽各种方法消除了造成你愤怒的原因之后，才能最终消除你的愤怒。

## 当别人对你发怒时

现在，你已经有了处理自己愤怒情绪的路线图。但是，很多接受自信训练的人都表示，如何对待别人的愤怒同样是个很重要的问题。当别人怒气腾腾，并将所有的敌意都指向你时，你能做什么？

试一试这些步骤：

1. 允许愤怒的人表达这种强烈的感受。
2. 先接受，再作反应。（"看得出来这件事真的让你很生气。"）
3. 深呼吸，并且尽可能平静地说出你的看法。
4. 提议过一段时间再讨论解决办法——给对方时间冷静下来。（"我想我们都需要一些时间来考虑这个问题。我希望……一小时后……明天……下周与你谈谈。"）
5. 再做一次深呼吸。
6. 安排一个具体的时间去探究这件事。

7. 记住，没有能立即解决问题的办法。

8. 当你们一起解决问题时，要按照下面描述的冲突解决策略来做。

## 有效解决冲突的13个步骤

我们怎样才能改善处理愤怒冲突的方法呢？大部分原则与我们在本书中提供的自信训练方法是类似的，还有一些方法与我们在本章前面讨论过的处理愤怒的方法是重合的。

> 正如我们说过的那样，不过度表达愤怒是最好的方法。然而，也有一些时候，表达出你的愤怒是恰当的——甚至是必要的。下面就是一些被证明十分有效的表达愤怒的方式。那些对这种"愤怒的语言"感到厌恶的读者要注意，在各种情况下说出这些话的人都为自己的感受承担起了责任——而不是责备别人。
>
> "我很愤怒。"
>
> "我快疯了。"
>
> "我非常不同意你的观点。"
>
> "你那么说的时候，我都快疯了。"
>
> "这整件事让我非常烦恼。"
>
> "别再烦我了。"
>
> "那不公平。"
>
> "别那么做。"
>
> "这真的让我非常恼火。"
>
> "你没有权利那么做。"
>
> "我真的不喜欢。"
>
> "我疯了，我再也不能接受这个了！"

当然，当双方都希望解决问题时，冲突的解决会更容易些。

对于那些愿意尝试去解决问题的人，下面是一些已被证明十分有效的指导原则：

1. 要采取真诚并直接面对对方的行动。
2. 坦然面对问题，而不是回避或掩盖。
3. 避免人身攻击，对事不对人。
4. 强调共同点，并以此为基础解决分歧。
5. 运用"重述"的沟通方式，以确保彼此充分了解对方。（"如果我理解得没错的话，你的意思是……"）
6. 对自己的感受负责。（"我生气了！"而不是"你把我逼疯了！"）
7. 避免"输—赢"的观点。那种"我要赢了"而"你要输了"的态度可能导致双方都输。如果你能灵活些，双方就都能赢——至少在一定程度上是如此。
8. 获取相同的信息。因为对相同的事物，每个人的理解通常是不同的，相同的信息有助于双方明确相关的情况。
9. 形成与对方基本一致的目标。如果双方都希望保持关系而不是在冲突中获胜，你们就有了更好的机会。
10. 澄清双方在当前情况下的真正需要。我也许并不是要赢对方，我需要的是一些具体成果（自身行为的改变，更多的钱……），以及保持自尊。
11. 寻找解决问题的方法，而不是决定谁应该受到谴责。
12. 通过协商达成共识或确定交换条件。如果你能让步的话，我也会答应让步。
13. 通过协商达成一个双方均能接受的折中方案，或者只是简单地求同存异。

## 处理生活中的愤怒情绪的关键

几乎每个人都曾被愤怒情绪所困扰，正如我们表明的那样，处理这种复杂情绪绝非易事。当然，有一些有效的办法可以提供帮助。我们在本章中列举了大量的方法，但我们可以为你提炼一下。如果愤怒是你的生活中的一个问题，你可能会回过头去复习上面的内容。

同时，下面是需要记住的四条指导原则：

❖ 在生活中尽量不生气；

❖ 在感到愤怒之前就着手处理；

❖ 当的确需要表达愤怒时，要以自信的方式表达；

❖ 出现冲突时，要努力解决。

# 第19章

# 我们必须忍受羞辱吗

> 尊重自己的人是安全的,他披了一件没人能刺穿的铠甲。
> 
> ——亨利·沃兹沃斯·朗费罗[1]

想想你在生活中感到被人轻视的一件事——别人看你的方式、别人对你说的话、对方的面部表情或耸肩膀的动作——任何这种小动作都可能引起你对自己的质疑:"我到底怎么啦?她为什么这么说,这么做?"突然之间,你的高昂情绪没有了,开始怀疑自己,情绪低落,不知所措,感觉受到了羞辱。

羞辱能够让你愁云惨淡或困惑不堪,可能会在你的意识里停留数年。

也许你在批评自己:"当然,我受到了很多羞辱。那是因为我有太多可批评的地方!"先等一下。尽管别人可以对你的外表、穿着、生活方式、习性、工作表现以及谈吐怒目而视,但是你不需要用赞同来恶化这种羞辱!指出别人有那些地方不对很容易。太多的人还通过羞辱自己使问题雪上加霜。

下面有一个我们很熟悉的例子:你到一个很远的地方去旅行,在途中,突然想起自己忘了带一件需要的东西。你会怎么办?如果你像大多数人一样,你很可能会说一些脏话,或者尖酸刻薄地挖苦自己:"蠢货@#¥%……!我怎么会忘了呢?"只有那些特

---

[1] 亨利·沃兹沃斯·朗费罗(Henry Wadsworth Longfellow,1807—1882),美国19世纪最著名的浪漫主义诗人。伦敦威斯敏斯特教堂诗人之角安放了他的胸像,他是获得这种殊荣的第一位美国诗人。——译者注

别敏感并自律的人才能够退后一步，做一个深呼吸，然后原谅自己，并寻求解决问题的方法——一句话，就是解决问题。

在本章中，我们会探讨一些最常见的羞辱行为以及应该怎样去应对它们，尤其是那些直接语言羞辱、间接语言羞辱、非语言羞辱和自我羞辱。但是，首先，让我们看看批评的基本概念。

## 应对批评——内心的和外部的

"我是自己最严苛的批评家。"这是经常挂在艺术家、音乐家和作家嘴边，或者出现在他们的文章中的一句话，我们大多数人有时候也会这样说。

我们大多数人都有一个"内心批评家"，随时准备着因为一点错误而惩罚我们。而且，与最好的批评家相比，这个"内心批评家"也许的确是最糟糕的批评家。最好的批评家能够提供客观的反馈以及真实的评价，能够帮助我们改正错误并改善行为。而糟糕的批评家则是为了批评而批评，提供不了有用的反馈。

在你考虑如何处理生活中的批评时——不论是批评别人，还是接受批评，我们建议你分五部分对批评进行评价，以区分最好的批评和最糟糕的批评。问问你自己：

❖ 这个批评是基于事实，还是主观臆断？
❖ 这个批评有可能使人改正错误并改善行为，还是为了羞辱？
❖ 批评是以有助于促成改变的正面用语表达出来的吗？
❖ 站在客观立场的旁观者会认为批评是公平的吗？
❖ 批评是在私下提出的，还是当着别人的面提出的？

当然，最好的批评应该基于事实，以改正错误为目的、以正面用语表达，是公平和在私下里提出的。最糟糕的批评则基于主观臆断、羞辱别人、让人气馁，是不公平和当着别人的面提出来的。

你甚至可以用一个简单的"打分法",将批评划分为1～10级,打分的标准是一个批评是否依据事实、以改正错误为目的、有促进作用、公平和私下的。当你受到批评之后——不管是来自于朋友、爱人、老板、同事,或其他什么人——迅速地打一个分。然后,根据打分结果作出回应。如果这一批评的得分靠近"最好"一端,就愉快地接受,并自信地说声"谢谢,我会考虑你的意见。"如果属于"最糟糕的"一端,你仍可以很自信,但不必把它放在心上:"这是一个有趣的批评,但并不适合我。"而且,要记住,你对别人的批评也要接受这样的评估。要自信地提出批评,并要依据事实、以改正错误为目的、用正面话语表达、公平和私下进行。

现在,让我们看看几种典型的羞辱,并找出应对办法。

## 直接语言羞辱

这类行为是显而易见的:别人在用言语诋毁你。例如,想象一下,你走出电梯时不小心撞了一个人。那个人马上以一种敌意的方式说:"看着点!该死的!你这个傻瓜!你会弄伤我!"这种咄咄逼人的过度反应的意图很明显。你应该作出反应吗?怎么反应呢?

下面是我们发现的能够有效地处理直接语言羞辱的步骤:

- ❀ 先等一下,允许对方发泄完并冷静下来。
- ❀ 承认对方的感受。
- ❀ 如果真的是你错了,要承认,即使要面对侮辱。
- ❀ 表达你对对方的反应的看法。
- ❀ 做一个简短的解释,使冲突结束。

这些步骤能帮你解决这类意图明显的冲突。

在电梯事件中,你可以首先让对方发泄情绪,直到愤怒平息下来。当对方的怒气平息后，试试这个：做一个深呼吸，然后说"对不起，我碰到你了，这是个意外。我知道这让你很生气。"要保持平静，避免挑衅的语气、面部表情、姿势，或者手势。

## 间接语言羞辱

要是你的上司这么说，你会怎样？"昨天你交给我的计划做得不错，那些语法错误让它显得很亲切。"或者，如果你的配偶说："我喜欢看到你穿这件外套时的样子，旧衣服适合你。"你在领会上会有歧义吗？你会困惑吗？隐藏在这些话背后的真实意思是什么呢？

间接语言羞辱是一种间接攻击行为。斯坦利·菲尔普斯和南希·奥斯汀的《自信的女人》一书指出，间接攻击行为"……为了达到目标，她会用欺骗的方法，引诱人或操纵人。"他们指出，面对间接攻击行为，人会做出困惑、挫折的反应，并感到被人操纵。间接攻击行为是一种隐蔽的攻击。菲尔普斯和奥斯汀将这些人称作"披着羊皮的狼"。

对付间接语言羞辱，首先要询问更多的信息。在上述两种情境中，你可以这样回应："我不明白你的意思。"这样回应可以让对方澄清自己的真实意图（也可能是你误解了对方）。

你下一步的回应要取决于对方的回答。在这种情境中，你的部分目的是教会对方换一种新的方式对待你。如果你的上司答道："哦，我觉得你的工作做得不错。"你可能仍然想说："谢谢。我有一点被搞糊涂了。如果你真的关心我的语法问题，我希望你直说。我不能确定你认为这个计划是好还是不好。"你是在想办法教上司对你直言。

在婚姻关系中，一些本意善良的玩笑可能是种情趣。然而，经常会有一些潜在的敌意隐藏在这些玩笑之中。你的配偶可能是真的在开玩笑，但是应该采用更为直接和破坏性更小的方式。

如果你的配偶不是在开玩笑，你该怎么做？想象一下她紧接着作出更具攻击性的反应。你要保持自信，要按照上面提到过的应对直接语言羞辱的方法去做。如果她的反应仍然是羞辱，你要做好用自信的方法进一步应对的准备。

当你要求澄清的时候，你可能会得到自己行为的更多有价值的信息。记住，自信的一个主要目标是为双方提供一个公平的舞台，为了让双方公开而真诚地表达自己。对于我们大多数人来说，对一个人令人生气的行为做出直接反馈是很困难的，所以我们经常会把自己要说的话用间接羞辱伪装起来。挖掘一下，可能有助于你与对方日后的关系。

## 非语言羞辱

"棍棒和石头能够打断我的骨头，可是言语永远伤害不到我。"孩子们一直用这句话来奚落那些骂人的孩子。对非语言羞辱——下流的手势或难看的表情——作出回应的最好方式是什么呢？当对方噘嘴板脸、愚蠢地冷笑，或者假笑，却不说一句话，而你无从确定他的意思的时候，你应该怎样处理呢？

非语言羞辱比其他方式的羞辱更难应付，对方一句话也不说，你无法确定是否真正读懂了对方的非语言信息。

如果一个人对你做出明显攻击性的非语言羞辱，你要想办法让这个人说话。你可以自信地对他说："我不能确定你的表情（或手势）的意思，你能为我解释一下吗？我不想误解你要表达的意思。"此时，你自己也要注意避免使用对抗性的非语言行为。这时，要做好应对语言羞辱的准备，并依照我们在前面的建议进行回应。

不自信的非语言羞辱是最不直接的一种方式。如果一个人开始眼望空中或苦笑，他的意图可不像在你面前挑衅地挥舞拳头那样明确。想象一下，在你买东西付款时，收银员看着你，翻翻白眼，并恼火地叹息一声。你可能希望她的行为不是针对你的，或者只是假设收银员今天很不顺心。但是，如果你对这种事情感到很烦，为什么不直接解决呢？你可以要求她作出解释："我不理解你的意思。"或者"我不能确定你为什么要这样。"或者"我怎么惹着你了？"或"今天很糟糕，是吧？"把非语言行为公开化，会提供一个澄清事实的机会。

如果你做了什么事让别人很烦，你有理由要知道。你下一步的反应应该视后面发生的事情而定。但我们认为，向对方指出你很难理解对方的非语言信息，是个好主意。

## 自我羞辱

我们上面描述的那些与别人的冲突，只是全部冲突的一半。内心冲突也会导致羞辱。在这种情况下，冒犯你的人就是你自己。羞辱是由冲突造成的，既有外部冲突，也有内心冲突。解决方法是相同的，那就是自信。

你可能像对待别人一样，对自己采取不自信行为或攻击行为。要当心你怎样对待自己。不要忽视（不自信）你内心对待自己的羞辱行为，但也不要谴责（攻击）自己的内心想法和感受。对自己同样要自信——诚实、公开、坦率。要把这种情况当作更好地了解自己的一个机会。你并不傻，但有时也会做蠢事。你不是个笨蛋，尽管有时你会做一些让自己尴尬的事。不要夸大自己的错误。如果你有时把事情弄糟了，也并不是什么可怕或严重的事情。犯错是人之常情。忘掉它吧。

## 克服它，继续前进

没有人喜欢被人批评，但是，如果批评是以事实为基础、为了改正错误、用正面用语表达、公平和私下进行的，我们就可以接受，并可能受到激励而变得更好。

没有人喜欢因受到羞辱而产生的冲突。通过冒险与别人或自己进行公开而直接的澄清，愤怒就可以得到消除。"迈开自信的步伐前进。"

不要忽视或逃避自己或别人对你的批评或羞辱。要想办法让事情向着积极的方面转变。要坚持、要澄清，把你的感受说出来。在对羞辱作出反应时，需要作出一些努力去克服才能让那些受伤、退缩或反击的感觉成为过去，但相对于所得的回报而言，这些努力是值得的。

你必须忍受羞辱吗？不！你可以学会自信地作出回应，澄清问题，表达你的感受，解决冲突（不管是真实的还是想象的），并从中获得你对自己和自己的人际关系的新的了解。

# 第20章

# 职场中的自信

> 工作的价值在于，它是除了我们的年龄在增长之外，让我们知道自己在这个世界上活过的另一个标志。
>
> ——莱昂·巴蒂斯塔·阿尔伯蒂[①]

"要做正确的事，"北得克萨斯大学校长格雷琴·巴泰利博士说，"尽管有时会给你带来麻烦。"巴泰利是1970年代后期艾奥瓦州民权委员会的主席，她是当年提倡中学女生要与男生拥有上篮球课的同等机会的核心人物。她的努力最终让她失去了在民权委员会中的职务——州长没再任命她——但却导致了一个具有长期效果的变革，为中学女生打开了参加全部篮球课的大门，使她们具有了获得大学奖学金的资格。巴泰利博士说："尽管我们的行动在当时不受欢迎，但却让很多事情在将来成为可能。"

虽然我们大多数人的地位和影响力无法与巴泰利博士相比，但我们都会同意，在职场中保持自信并不容易。害怕遭到上司或同事的报复，甚至害怕失去工作，是保持自信的令人生畏的障碍。

近年来，有很多关于雇主与雇员之间关系紧张的报道：揭发者的故事，最高法院对雇员权利进行限制的裁决，雇员为照顾家庭而请求实行弹性工作时间或改为兼职，男性和女性均要求享受育婴

---

[①] 莱昂·巴蒂斯塔·阿尔伯蒂（Leon Batista Alerti，1404—1472），意大利文艺复兴时期人文主义学者、作家、哲学家、画家、建筑师、绘画和雕塑理论家，以论文《论绘画》（1435）闻名于世，该论文被认为是人类首次对透视图进行科学研究的论著。——译者注

假，工作安全和对有害工种的保护，不断缩水的健康和退休福利；工作压力，工作和家庭的兼顾，雇佣和工资方面的种族和性别歧视……自信对于这些情形有作用吗？

事实上，有数不胜数的方式可以让你在职场中自信地表达自我。实际上，我们知道这很难，但是，我们看到了大量的成功案例，而且，我们鼓励你评估自己在职业生涯中把事情做得更好的潜力。在本章中，我们将探讨职场自信的几个方面，并提供一些例子来帮你了解自信如何在职场助你成功。

## 职场中的自信

让我们先看看如何在职场运用自信的一些基本理念：

❖ 不要拖沓。
❖ 改善你作决定的技巧。
❖ 更加有效地协商。
❖ 自信地对待愤怒的客户、上司、同事和其他难缠的人。
❖ 学着说"不"，避免迷失自己。（大多数组织都会接受你的全部付出，并期望得到更多。如果同事知道你能说"不"，他们就不会向你提出过分的要求，因为他们知道自己占不到便宜。）
❖ 坚持：播下"种子"并要培育。
❖ 要耐心。自信并不需要匆匆忙忙。
❖ 要大胆说出工作场所存在的健康和安全的问题。这有可能让你失去工作，但总比缺胳膊短腿或丢掉性命要好。
❖ 加强对自己和你的日程安排的控制，改善自己的时间管理能力。
❖ 要对自己的工作领域了如指掌。要阅读你的工作领域中的一切资料，不管是制造、市场、IT应用还是配送服务方面的创新，都要了解。如果你的部门中有人对新想法感到震惊，要确保这个人不是你。
- ❈ 在确定工作目标时要自信。现实的目标、自信地追求，可能让你实现目标。

当然，总会有人让你在工作中难于公开地表达自我。（这不是什么新闻！）这种障碍可能会以不同的形式出现：操纵（忽视这些）、不合理的要求（你可以简单地指出其不合理之处），以及合理的要求（有可能超出了你的能力范围，你需要对此进行说明）。

有时候，"绩效焦虑"会成为职场中的一个问题。克服这种焦虑是以前大多数人参加自信训练的原因，现在依然如此。例如，有报告说，在公共场合发表见解是美国人最害怕的事情。这种恐惧可以通过逐渐地向别人表达自己来"脱敏"。开始时，在一两个朋友面前练习，然后，逐渐过渡到面对一大群同事或陌生人。

创造一种允许——甚至鼓励——提出建设性的不同意见的氛围，有助于在工作中解决问题、协商并解决冲突。在各种不同想法都表达出来之后，才有可能将各自想法的优点整合在一起，提出方案。由几个人做头脑风暴提出的解决方案通常会是最好的方案，能让各种想法都不受压制或批评地自由表达出来，会刺激员工的创造力。

我们按照工作和职业生涯的自然过程来安排本章的顺序，本章的最后是一些需要你优先解决的问题和可供你进行自信练习的职场情境。你可以通读本章的全部内容，也可以直接读自己感兴趣并有具体需求的内容。

## 找工作

我们当年从大学毕业的时候，对于任何一个有学位的人来说，工作机会到处都是。现在，情况已经大大不同了。尽管政府的统计资料显示现在失业的人数在减少，但无论有没有受过高等教育，得到一份工作在很多领域仍然很困难。由于大公司的业务向海外外包、合并或缩小规模，到处都在裁员。作为最主要的工作职位来源的小型企业，则发现很难或根本不可能在大公司的夹缝中生存。求职者之间的竞争空前激烈，尤其是对那些有着一二十年在衰退产业工作的经历的人来说，更是如此。

找工作本身就可能成为一份全职工作。很多人似乎期待着发出几份申请，打几个电话，再面试一两次，就能获得他们梦想中的职位。可惜，那只是一个梦想。找到理想的工作需要花费很多心血——而自信是最有用的工具之一。

理查德·尼尔森·波利斯其畅销书《你的降落伞是什么颜色的》中，为求职者和跳槽者提供了一个综合性的计划。他很强调运用自信。他提出的各种创新和实用的方法，能帮你了解自己的职业期望和要求、找到机会、与雇主联系、应对面试并找到你理想的工作。

按照波利斯的建议，自信地寻找工作，要做到：

❖ 对你的职业和工作的寻找要有一个明确的目标：决定你想做什么，在哪里做，为谁做？

❖ 找到自己喜欢做的事情：你会更热情地工作，做得更好，并获得更长期的满足感。

❖ 设定你能合理地达到的最高技能水准：这样，你更容易找到一份工作，并且这份工作也会更适合你。

❖ 找到并面见你心仪的雇主：在有权力决定是否雇用你的人面前，要充分展示自己有能力满足公司的要求。

## 面 试

即便你已经按照波利斯的建议为自己创造了机会，但在这个过程中，你很可能还要经过传统的面试。

现在，终于有一个雇主为你提供了一个面试的机会！你已经为利用这个机会告诉对方你能做什么，以及对这份工作的期待作了大量的准备。同时，你也非常焦虑。毕竟，能否获得这份工作在很大程度上取决于你在短暂的面试中能否很好地展示自己。

自信能够帮助你。当面试机会来临时，我们建议你这样做：

## 在面试前

按照本书中描述的那些原则培养你自己更好地展示自己的能力。

通过练习"自我认知重构和放松"的方法（见第10章和第11章）来解决自己的焦虑问题。每个人在面试前都会有一些心神不安，不要使其成为你的主要障碍。

写下并记住你的三四条优势，以确保让面试者能够记住你，要确信这些优势与你申请的工作有关。

找一个朋友或辅导者帮你练习如何面试。如果有可能，用摄像机把自己的典型表现拍下来。观看拍下来的录像，让朋友反馈的信息帮助你变得更有效。要注意我们在第8章中描述的那些非语言行为。

做足功课。面试前，要从那家公司的网站、产品目录、你在那家公司的朋友、公共关系部门以及人力资源办公室尽可能了解那家公司……

## 面试时

要以一种友好但不过于做作的姿态走近面试的人。

记住，大多数雇主更愿意雇那些热爱工作并愿意为公司作出贡献的人，而不是总想出风头的"明星"。

尽量放松，愉快一点，并让对方了解你。

让面试者知道你已经为面试做足了准备，并且对公司的情况有一定的了解。

问一些恰当的问题——工作环境、员工的精神面貌、公司的优势、雇主的期望，以及企业未来的发展方向。

避免问那些明显应该由你自己在事先的准备中知道答案的问题。（比如公司的产品线、退休和健康福利的细节等等。）

离开时，留下一份自己的工作案例，或者其他一些能让对方记住你和你的才干的东西。（不要幻想一份标准的"个人简历"或"工作申请"就能起到这个作用。）

## 面试后

给面试官写一封短信，表达你对这次会面的感谢，引起他对你的重要情况的注意，并提及一下可能在面试时漏掉的细节。

花些时间对自己的表现进行评估和鉴定，以便自己在下一次面试中表现得更好。

继续与其他雇主联系，并安排其他面试，直到找到心仪的工作。

得到工作后，要全力以赴把这份工作做好，但不要切断与其他雇主已经建立起来的联系。你永远无法知道。

## "新来的人"能自信吗

当你得到一份新工作时，开始时多听是很重要的。你需要尽可能多地了解单位的规矩、主管和同事的态度和看法、应该注意的事项、对你的工作的期望以及它在整个工作中的作用，等等。

但是，仅凭听可能还不足以使你得到你需要了解的全部信息。当你开始在一个新的工作岗位了解周围的情况时，问也是很重要的。这又是自信发挥作用的一个地方。

要记住保持平衡。你希望自己表现得对工作非常感兴趣，让你的上司和同事看到你认真负责。同时，你不想成为一个唠唠叨叨的人，总是需要问这问那——其中很多问题甚至可能与你的工作并不相干。

我们建议你遵循下列原则：

要做好准备。不要指望你的上司或同事能弥补你为工作所做准备的不足（除非你正在接受培训）。

向主管和同事问清楚你要干好工作必须要了解的问题。

不要急于发问，因为有项目轮到你负责时或许会有人告诉你该怎么做。

对你遇到的其他问题做好记录，并在与之相关的项目出现时向别人询问。

向你的上司询问该怎样问问题。他是愿意你立刻问，还是等到例行会议时再问，还是……

当你问问题时，要自信。不要兜圈子，不要以防御性的方式开始提问（"这可能是一个愚蠢的问题……"），要尽量问具体问题，要用好目光交流、声调、时机等。

要避免提出变革性的建议，除非你已经对整个工作的运转相当了解。

要避免说："我们在ABC公司是……做的"（对于其他你曾工作过的公司也一样），除非有人问你。最好让它成为你自己的主意——或者干脆就不说。

## 职场中的人际关系

在工作中与人相处，基本上就是一个在工作团队中找到自己的位置的过程。在家里，家人除了接受你之外几乎别无选择；在学校中，尽管同龄人接受你可能是一个很沉重的负担，但你是别无选择的人，因为你必须待在那个集体里。

对于我们大多数人来说，工作确实可以有所选择。不像在家里或学校那样，一个人可以辞去工作，尽管这样做的代价可能会很高。与人相处成了决定你能否赢得自己的一席之地的事情。这意味着要与同事形成一种相互尊重的关系。

下面这些建议可能会对你有所帮助：

❖ 要诚实，避免耍花招。
❖ 在你提高音量要发怒之前，先数到10。
❖ 听听别人怎么说——即使你并不赞同。
❖ 问问自己："要是我处在对方的位置，我会有什么感觉？"
❖ 表达你的想法。但要记住，这只是想法。其他人会有不同的想法。
❖ 考虑一下：是当"明星"更重要，还是把工作做好更重要？杜鲁门总统说过一句经常被人引用的话："如果没人在乎谁会得到赞扬，能够完成一件事就太神奇了。"
❖ 在重要的事情上，要自信。
❖ 为自己的错误承担责任——并要相信自己能成功。

下面是一些练习情境，可供你考虑：

❖ 一个同事把公司的东西拿回家供自己使用。她知道你已经知道了此事，并且希望你装聋作哑。
❖ 你邻桌的女同事喜欢大声嚼口香糖。你发现这种声音令你心烦，导致你无法集中注意力。
❖ 一个资深同事经常对你大谈与性有关的事情，并经常寻找机会骚扰你。
❖ 同事中的一对夫妻用大量的工作时间扯闲话，喋喋不休地谈论他们的花园和孩子。你发现他们的工作效率很低。

## 与上司相处

有些老板的行为让人觉得，如果回到所有雇员实质上都是奴隶的时代，他们会更开心。然而，就大多数情况而言，工作场所已经变得相当文明——甚至相当人性化了。上司仍然在监督，但他们一般会依照现代法律和习惯——以及他们自己的良知——尊重他自己的员工。

然而，还是有些不可避免的情形，雇员必须不顾老板的反对，坚定地表达自己的想法、观点或反对意见。

要准备好受批评。不要让自己陷入每次因工作受到批评就责备自己的陷阱。你可能是错了，但处理这种情形的正确方法是改正错误，而不是自己去懊悔。要帮助你的上司做出具体的批评，作出改善所需要的调整。

用自信的方式搞清楚上司对你的期待和批评，有助于消除误会，并能使你变得更有效率。如果你总是像个"受害者"——嘀嘀咕咕或在背后中伤别人——你就不会有任何进步，并且很可能会为自己制造一个强大的敌人。

要努力搞清楚自己上司习惯的批评方式。如果你认为自己发现了一个，就要自信地问你的上司这是否是他想要的。（"你希望我提交的建议附带上所有支持资料，是吗？"）如果你以这种直接的方式澄清了所有可能的误解，你就会节省时间，并免于在将来再受批评。

时机可能是职场自信最重要的要素——特别是在面对上司的时候。如果当着其他人的面提出与上司不一致的想法，或者在上司忙于处理另一个问题的时候，他就不大可能成为你的好听众。相反，要计划好如何与上司沟通——有必要的话可以与上司约个时间——这样你就有了一个与上司独处且不会被打扰的机会。

需要重复一下：要做好你的功课！今天，无论什么样的问题都可以在互联网上找到海量的可用信息，没有任何借口"完不成自己的职责"。面对上司时，不能只提出问题或抱怨，要准备好具体建议。不要问："你认为我应该怎么做？"而应该说"这件事有三个可行方案，我建议按照B方案去执行，因为……"。

下面是另外一些例子：

❖ 你想提出一个创新性的建议，以简化日常工作程序。

❖ 你的上司对你的工作时间提出了一些无理要求，而不提供额外补偿。

❖ 你认为你因为自己的工作质量受到了不公正的批评。

❖ 你对自己的工作比你上司懂得多，但她想让你按照她的方式去做。

❖ 你的上司要求你去做你认为是他分内之事的一些事情。

❖ 你的上司希望你准备"虚假的"开支账目。

❖ 你在下午4：45被要求留下来加班，准备一份明天董事会要用的报告，而你晚上已经有了自己的安排。

## 自信地领导

你干得不错！由于你在工作中的自信表现和能力（一些颇为出色的工作业绩！），你得到了提升。现在，你是领导了。新的责任、新的机会……新的头痛！

怎样把自信的原则运用到领导角色中呢？你能同时把工作做好、尊重下属，并且恰当地运用权力吗？

关于如何管理别人，有很多种管理理论和数不清的好想法。这里不是对其作全面探讨的地方，下面是融合了我们的自信概念和最好的理论的指导原则：

❖ 在良好工作关系的基础上建立你的自信管理风格。本章开头描述过良好的工作关系：诚实、负责、合作、团队精神、相互尊重。

❖ 倾听——并要注意——你的员工说了什么？
❖ 卷起袖子，和员工一起苦干。
❖ 到处走走——并发现你需要的第一手材料。
❖ 记住，我们都是平等的——在人与人的层面上。
❖ 使你的指令清楚而直接。
❖ 承担起领导责任——包括作决定。
❖ 批评要公平，对事不对人（再看看第19章对批评的讨论）。
❖ 经常称赞，对事不对人。
❖ 思考：管理者必须既要领导员工又要对他们提供必要的支持。
❖ 你的领导"工具箱"中应该包括以下内容：团队建设技巧、清楚地传达你的期望、员工激励技巧、鼓励员工要自信、明确的绩效标准。

下面是一些供你练习的领导情境——有助于你正确地做事：

❖ 你的一名员工就新的工作程序提出了一个很有想法的建议。你认识到这个建议有可能会遭到总经理的否决，因为成本会增加。
❖ 一个与你平级的另一个部门的主管做了该你的部门做的业务，并且想从你的部门借用一些设备。公司规定禁止这种做法。
❖ 一个年轻的实习生拒绝服从你的指令。
❖ 一个下属的工作没有达到你制定的标准。你想改善他的绩效。
❖ 下周就要开始绩效考评了。你必须要批评一个老同事，他在多个方面表现不佳。
❖ 作为一家装配厂新上任的主管，你手下有几个论年纪足以做你父亲的员工。他们中至少有一个人相信只有自己的工作方法才是正确的，拒绝接受你的权威。
❖ 你部门里的一个老员工本周几乎天天迟到，而且不作任何解释。

❖ 你认识到自己的一个下属嗜酒成瘾，但她却不承认，也不去接受治疗。

## 你的优先选择

工作真的会很有诱惑力。如果你喜欢你的工作并且干得很好，你的薪水和职位都可能会经常得到提高。于是，你的工作积极性会更高，这个循环将继续下去。

如果你不加以控制的话，这种对工作的投入可能会对你的个人生活造成破坏。你会越来越经常把工作带回家，工作到很晚，就连周末也加班，并经常出差。你会像上紧发条的机器一样工作，而很少有时间留给自己和家庭。

你能自信地作出选择吗？你能为了有更多的时间陪伴家人，而放弃事业上的发展机会吗？你的优先选择是什么？说"家庭第一"很容易，但作出相应的行动却很难。

有些人"全部兼顾"。他们会像玩杂耍的人抛橘子一样，处理工作、家庭、社会和个人之间的关系，至少暂时是这样。然而，真实世界的压力，很少会允许我们长时间维持这种不稳定的平衡。

对自己自信，意味着要明确自己的优先顺序，认识到你不能每一件事都做——至少不能总是"兼得"——要作出适当的选择，并且要在达到你设定的边界时说"不"。要记住你自己的目标。

用以下相关情境测试一下自己。什么对你才是真正重要的？

❖ 你现在的公司给了你一个重要的提升机会。事实上，你已经在考虑离开这家公司，但你希望得到的新工作还没有落实。

❖ 你越来越多地把夜晚和周末用来写工作报告。你的家人开始抱怨你没有时间陪他们。你觉得如果继续这样努力，就会得到一个重要的提升机会。

❖ 你想继续在事业上取得更大的成功，但你知道要想在这家公司获得提升，就需要回到学校深造管理课程——可能需要读个MBA。这需要推迟你要孩子的计划——你和你的丈夫都非常想要一个孩子。

## 更多的职场情境练习

用第13章介绍的步骤作为指导，训练自己的技巧，并练习处理下面的职场情境：

❖ 你的老板突然对你变得很冷淡，却又没有任何解释。你想问问发生了什么事。

❖ 尽管你在这个部门工作的时间比任何人都长，但你却不是全职的。然而，你经常被指派去训练别人或回答问题，好像你是个主管一样。你的工资很低，并且没有真正的权威。

❖ 你最近参加了几次面试，但你发现自己在面试时总是很被动。面试的人似乎因你不会"推销"自己而很失望。

❖ 另一个部门的经理——在公司很有影响力——对你进行十分明显的性骚扰。

❖ 你用了数小时完成的一份特别报告，被领导贬得一无是处。

❖ 你被要求处理一项明显超出你职责范围和能力范围的工作。你觉得这可以"测试"你是否清楚你自己设立的界限。

❖ 你想在家中工作——依靠通讯设备——至少每周在家工作一两天。这个想法遭到了上司的反对，但是你有孩子，每天都上班使孩子得不到良好的照顾。另外，你的大部分工作都是在计算机上完成的。

即使你现在还没有找到稳定的工作，但这是迟早的事。想想本章提出的问题。用日志记下自己在工作中的自信表现，以及如何改进。你会在工作中变得更有效，并得到上司更多的尊重，你对自己也会更满意！

# 第21章

# 对付难缠的人

别在我被打扰的时候来打扰我!

——温斯顿·丘吉尔

你很熟悉下面这些情形:

❖ 他倚着你的桌子,瞪着眼睛大声说:"还要我等多久才能解决我的问题啊?"
❖ 她从隔壁走过来抱怨道:"你们这些家伙到底想不想打扫自己的院子啊?知道吗,你们家可是本街区唯一的一家……"
❖ 他打电话来,要求你们公司提供即时服务、额外的折扣以及其他事情。并且说:"如果你做不了主,就把老板给我叫来。"
❖ 在大门口,她迫不及待地截住你,撇着嘴轻蔑地说:"你听说弗雷德和贝蒂的事了吗?威尔玛告诉我他们……"

什么是"难缠的人"?任何一个不能按照我们期望的那样行事的人就是。毕竟,我们的社会中有一些关于恰当行为的不成文的"规则":公平、守秩序、说"请"和"谢谢"、用正常交谈的语调和音量说话等等。难缠的人无视这些习俗,仿佛他们拥有豁免权似的——同时,他们却常常会期待你按照他们标榜的准则生活。他们总是大喊大叫、冒犯别人、没有礼貌、不考虑别人、自私,并且——难缠!

为什么难缠的人要那样做呢?一个参加我们的自信训练的学

员给出了一个很好的答案："为了得到最大的一块蛋糕。"他们还通常能得到控制权、达到自己的目的，并且得到关注。

我们为什么要让这些讨人嫌的家伙得逞呢？这是因为，通常这比与他们争辩要容易得多。我们大多数人都没有技巧、时间、精力和兴趣去设法让这种人"该干吗干吗去"。有时候，他们是利用了"顾客永远正确"这样的企业政策。（顺便提一下，我们不是偶然受到启发才这样说的。没有人会永远正确。更可行的说法应该是"顾客永远是顾客"，企业对待顾客要和气、公平，并且对顾客的要求迅速作出反应。）还有些时候，与这种人争执还抵不上所带来的麻烦。毕竟，你几乎不可能改变他们，并且与他们较量甚至会使自己陷入麻烦。那么，该怎么做呢？

实际上，有几种方法可以对付这种人。在这一章中，我们会考虑几种可以采用的办法。

## 你怎么想

当你面对一个"难缠"的顾客、邻居或者同事的时候，你脑子里在想什么？

- "那个狗娘养的又来了。"
- "呃，哦，我现在有麻烦了。"
- "他什么意思？"
- "我们得去解决那个问题。"
- "让我离开这里！"
- "没问题——我能处理。"
- "深呼吸。"
- "多尴尬！"
- "这是我今天听到的最有意思的事情。"

你的想法会为你对一个困难情境的反应设立背景。在你看下面的内容之前，先想想自己的第一反应——并且重新看看第10章中关于形成更具建设性的思维模式的内容。

## 怎样对付那些家伙

下面的讨论为你提供了一份行动步骤的"自助餐"，可以用来对付那些想把你耍得团团转的家伙。把那些看上去适合你的风格和生活情境的方法划出来，并形成一个对付你要面对的"难缠的家伙"的行动方案。你或许就再也不需要害怕他们了！

### 改变你的认知（态度、想法……）

成见、态度、信念、偏见——所有这些预设的想法都会影响你对日常情境的反应。这些想法可能是你对生活的总体看法、对自己生活的看法，或者是对一个具体的人的看法。

例如，如果你认为生活是公平的、事情总会向好的方向发展、人基本上是好的，那么，你的反应肯定会与你认为生活是不公平的、事情通常会向坏的方向发展、人往往是坏蛋的反应大不相同。

应激接种法是一种处理认知反应的方法。它通过系统地建立自我认知来帮助你改变对具体情境和人的想法。我们将一个困难事件划分为四个阶段，具体情况见以下例子。（还要参阅第10章关于这一技巧的讨论。）

| 准备 | 处理对方的反应 |
| --- | --- |
| 没有什么好担心的。 | 放松、深呼吸。 |
| 我处理过困难情境。 | 害怕和愤怒是难免的。 |
| 我有我的办法。 | 我能控制自己。 |

| 面对时 | 反复 |
|---|---|
| 保持平静和集中精力。<br>这个家伙也是人。<br>我知道该做什么。 | 我处理得很好。<br>问题会得到解决。<br>结束了,我可以放松一下了。 |

## 处理自己的焦虑

一种敌意的对抗通常会引起肾上腺素分泌迅速增加——至少在开始时是这样——并且激起焦虑反应。以下几种行为可以对付焦虑,包括:

❖ 离开
❖ 紧张起来并待在原地
❖ 放松和深呼吸
❖ 系统脱敏法(通过消除条件反射,在面对产生焦虑的事件之前做好准备。)

你会想起第11章中有一些很好的观念,有助于你在将要面对或正在面对困难情境时,处理自己的焦虑情绪。

## 采取直接行动

自信的反应和攻击性的反应包括下面这些行为:勇敢面对攻击者;告诉对方你不能容忍这种侮辱;问对方为什么会这么生气;命令他离开你的办公室;问他以为自己是谁;跟他说让他去死……以这种方式处理这一情境需要直接面对对方,用坚定的语气说话,并使用身体姿势、手势和面部表情恰当地传达出你不会受人摆布的决心,并要承担事态恶化的风险。

"当你用这种方式对我时，我不会按你的要求去做。"

## 共振

我们在第8章讨论过舒泽特·黑登·埃尔金博士的"言语自卫术"。"共振方法"要求将自己调整到攻击者的"频率"，承认她的观点，并表明你对对方的情绪有共鸣——但并不让步。具体技巧包括：

❖ 与对方一致的感觉方式（比如视觉、味觉、听觉）
"你看到我的意图了吗？""我听到你说的了。""这不适合我的口味。"
❖ 当对攻击作出反应时，不要管对方抛出的诱饵。
攻击："如果你真的想要做好工作……"
反应：（不管对方抛出的诱饵）"你什么时候开始认为我不想好好工作的？"

我们已故的朋友、精神治疗医生安德鲁·索特说过："永远不要被别人牵着鼻子走，要按照你自己的方式行事。"这种方法是一种"顺其自然"——让对方设定步伐和方式，但你并不按照他或她的意图去做。你的行动是坚定的，但不是敌对的，这种行为表明你并不是"开玩笑"捉弄人。你的目标是要掌握控制权——按你自己的方式做。

## 先发制人

史蒂芬·波特的"先发制人"方法包括"高人一等的姿态"，为我们提供了使对手惊惶迷惑的策略。波特在他的书中还提供了一些在受到攻击之前就要占据优势的建议：

- ❖ "出什么事了？"（盯住对方额头上的一个地方）
- ❖ 一言不发地盯住对方身上的某个地方，然后无论对方问什么，都要否认，都要说对方"错了"。
- ❖ "球出界了。"（打网球时）
- ❖ "我当然有预订啦，是用我的VISA卡做的担保。"
- ❖ "我上周和副州长一起用餐的时候，他建议……"

## 解决问题

不要考虑攻击者的情绪，只处理涉及的实质问题，并找到问题的解决方案：

- ❖ "我看我们需要努力找到这一问题的解决方案。"
- ❖ "这里确实存在问题。你对如何避免再次发生类似的情况有什么建议？"
- ❖ "让我们看看这些数据，看看是否能找到一些答案。"

## 撤出

这种方法既可以是简单、直接地说出诸如这样的话："我愿意在别的时间与你讨论这个问题——在你不那么生气的时候。"也可以什么也不说，简单地离开现场。

有些情境不值得耗费精力当场解决问题。尤其在攻击者是个理性的人，但当时又完全不讲道理的时候（但若涉及暴力则不适用）。

## 幽默

幽默几乎适用于任何场合。当然，如果你本来就好开玩笑，并且很会说俏皮话，能够用一个玩笑让对方不再生气或攻击你，幽默会最有效果。但这并不意味着在其他场合相同的笑话会产生同样的效果。

问一下自己："乔·斯图尔特会如何处理这种情况？""罗西·奥丹尼尔会如何处理这种情况？""比尔·科斯比呢？"

## 了解你的听众

"不管处理什么问题，都要考虑时间和地点是否合适。"你可能希望找个机会私下里详细讨论这一问题，但指出不想当着别人的面解决，因为这样会让双方都会感到难堪，很难找到一个合理的解决方案。

## 要求澄清

直接要求对方澄清——尤其是在已经重复过几遍的情况下——可以缓冲一下情势，并有助于你控制局面。

- "我不太确定我是不是真的明白了。"
- "你到底想要什么？"
- "你能为我再解释一遍吗？"

再说一次，你的目标是取得对局面的控制——防止被对方操纵——按自己的方式行事。

## 改变现状

某个人——甚至可能是一个身居高位的人——可能会经常地如你所料的那样让你吃苦头。或者，某种具体的、反复出现的情境——比如你的日常工作——可能会产生某些特定问题。在这种情况下，你可能需要与别人一起建立一种机构或部门的支持系统，以杜绝这种情况再次发生。这些支持系统可能包括：

- 为会议拟定基本行为规范。
- 为你提供的服务制定标准流程。
- 实行统一政策。
- 采取集体或部门的行动，让上级机构作出改变。

## 情况虽然严重，但并非没有希望

下面是我们对指导原则和方法的总结，它能帮助你处理各种难缠的人和情境：

- 要致力于解决实质的问题，而不要照顾某个难缠的人。如果你坚持自己要"赢"，可能会事与愿违。（即使有人赢，也不一定是你！）
- 人们在争吵中往往会模仿对方的音量和愤怒的手势；平复你自己的情绪化行为，就可能影响到对方的行为。
- 你应该尽量用自己的方式面对各种情境——要符合你的自然天性、风格。这里提供的所有想法都是合理的，但是只有一些对你有用。
- 预先做好准备会很有帮助。学会深呼吸和放松的技巧、改变自身的认知，并要学会自信的技巧。临阵磨枪可能就来不及了。
- 如果你将要面对一个可能会让你碰上难缠的家伙的情境，要预先设定一些处理典型问题的基本原则（比如，在几个人参加的会面中限定每个人的发言时间）。
- 如果在你的生活中可以预见到某些特定的人会制造麻烦，

你可以练习一些专门为应付这种人而设计的方法。

❖ 要充分认清自己，以及会引起自己的情绪化反应的事情。正如有人说的那样："要知道自己的'按钮'在哪儿，以便在别人按它的时候，你能知道。"

❖ 所谓的"我式句"确实有用——要为自己的情绪负责，不要责备别人。（请参阅第8章）

❖ 在寻求解决方案时，承认对方的感受，会很有帮助。（"我能看到这件事真的让你很生气。"）但要特别注意，不要以恩人自居，或者以一种过分同情的语调说话。

❖ 当场解决问题是不可能的。要想办法暂时抽身出来，以便在你心态更为平和时找到解决办法。

❖ 记住，你确实有很多种选择。如果你成了一个操纵者，任何选择都可能会让你在面对一个难缠的家伙时，陷入更大的麻烦，因此，在应用这些方法时要小心——但要坚定——并且要与你生活中的主要目标相一致。

第6部分
# 自信地生活

# 第22章

# 决定何时要自信，何时随它去吧

树林里分出两条路，而我——
选择了一条少有人走的路，
从此一切都不一样了。

——罗伯特·弗罗斯特[1]

还记得第5章提到过托马斯·弗里德曼在机场书店中的故事吗？你或许还记得，几年前，弗里德曼会维护自己的权利（"对不起，是我先来的。"），但他说，他自己现在会以别的方式处理这一问题。情况已经改变了。

我们在本书中一直在强调，自信始终是一种个人选择。

不要仅仅因为能够"维护自己的权利"就去"维护自己的权利"。不要每一次遇到一点不顺心的事就"维护自己的权利"。不要脱离常规寻找机会去"维护自己的权利"。只有在事情的自然发展造成了一种你能通过大声说出自己的想法使事情得以改善的情形时——这是生活中经常出现的情况——才是你应用自信才能的时候。

## "那么，我怎么知道什么时候需要采取行动呢？"

在本章中，我们概括了13个问题，供你在问自己"我现在该怎

---

[1] 罗伯特·弗罗斯特（Robert Frost, 1874—1963），美国著名现代诗人。——译者注

样办"时考虑。要诚实地思考每一个问题，并用答案去帮助你决定什么时候应该自信……以及什么时候——"无所谓，随它去吧。"

## 1．到底发生了什么事

你确信自己清楚地了解全部情况吗？你听了当事双方的想法了吗？

## 2．对你来说有多重要

这个情境与你的生活目标有关系吗？现在采取自信行动能获得一些对你很重要的东西吗？你的价值观受到侵害了吗？你以前面对相似情境时采取过行动吗？这涉及到别人的安全和利益吗？涉及到一份工作？一次提升？一个重要原则受到威胁了吗？你是否考虑过在当前情况下你的行为动机？你只是为了"自信"而"自信"吗？这是那种你觉得"应该"做的事吗？或者你和别人真的能够因此而获益吗？

如果你因为自己的配偶没有把牙膏盖子盖上而感到不舒服，这件事有多重要呢？把它当成一件好玩儿的事情，而不是让它成为你们两人之间的一件大事怎么样？偶尔把牙膏盖子藏起来；或者，用保鲜纸把牙膏包起来；或者，买一支自己专用的牙膏；或者，干脆用牙膏在镜子上写字。要创造性地解决这些小问题，不要发火！

另一方面，如果涉及到别人的利益，就要采取行动了。或许你的社区因为忽视一个危险的路口而存在安全隐患；不要等着别人采取行动。你首先让这件事情引起关注，就可能挽救一条生命！

## 3．得到你想要的东西的可能性有多大

你能造成你想要的改变吗？对方有可能关注你的自信行动

吗？你是否在给对方一个他不太可能接受的"教训"？你能清楚地说出你想要什么吗？对方怎样做才能让你如意？

如果你的上司指令不明确，你可能希望让她了解这一情况。然而，当你这样做时，你要表达清楚。你要明确说明，为了完成她分派给你的工作，你需要知道该怎么做。这样，你才更可能引起她的注意，并满足你的要求。她知道这也是为了她的利益。

## 4．你是在寻求一个具体的结果，还是仅仅想表达自己

你会以一种能让别人切实改变行为的方式表达你的想法吗？你希望发生一些真正重要的改变吗？你是希望改变某些事情，还是只想让别人认可你的立场？

若你们当地报纸的报道总是漏洞百出——并且经常出现这种情况——你会不会想办法让他们知道这一点？如果你写了一封"给编辑的信"，你的目的是想让邻居们知道你有多聪明呢，还是真正想让报纸对错误进行更正，以便让所有的人都能了解事实的真相？你在信中的语气会告诉我们这一切。

## 5．你的选择是什么

让我们来看看。你可以选择随它去，什么也不说。你可以"温和"地指出来。你可以坚定地表示反对。你可以大声说出你的感受。你可以写封信（给相关人员，给有关部门，给编辑，给公司总裁……）。你可以做些研究，把你对事实真相的看法告诉所有相关的人。如果这是一个公共事务，你可以组织一批人采取以上各种方法去表达集体的意见。

你在这件事情上很可能确实有很多选择。但并非总是如此。有时候，你可能什么也没办法做。

## 6. 你在寻求一个积极的结果吗

你采取自信行动的目标是让所有相关人员都受益吗？你是为了绝大多数人努力争取最大的利益，还是仅仅为了自己？你的自信行动会不会让事情变得更糟糕？

假设你住在一个较小的城镇，一家大型企业是当地最大的雇主。你也在这家企业工作，而且你知道这家企业虐待员工。工资很低（你知道这些，因为你有朋友在其他地方的相同行业里工作），福利是法律要求的最低标准，管理层中存在广泛的性骚扰，到处都有安全隐患。你能允许这种状况继续下去吗？你能想办法让情况得到改善吗？对这些状况进行揭发检举会不会导致自己被解雇？这都是棘手的问题，并且都会给你造成难以承受的后果。（当然，我们鼓励你采取行动，但我们并不一定要承受采取行动可能导致的后果：解雇、停产、工厂关闭、司法行动……）在此，认真考虑本章中提出的问题将会非常有益。

## 7. 你有自信的态度、技巧和意图吗

你准备好以一种恰当的自信方式采取行动了吗？你已经用不那么重要的情境做过自信练习了吗？你已经考虑过会对当前情形产生影响的所有特殊情况了吗（比如：文化差异、身体或情感缺陷、年龄差异）？

## 8. 你数到10了吗

你已经至少花了一点时间来考虑这一情形吗？你已经平息了你的愤怒情绪了吗？你作好理性地表达自己想法的准备了吗？你已经数到10——10次了吗？你读过第18章的内容的要求了吗？

想一想你开车时会出现的情形。如今，开车成了极具挑战性

的考验，而且不仅仅是对驾车技巧的考验。高速公路考验着人们的耐心、前瞻性，以及提前对事物进行判断和把握的能力。你将不可避免地碰到那些车技不如自己娴熟的人。你常常会有要提出抗议的冲动，或许是在心里无声地对自己大喊或对自己车上的人大喊；也可能是对着另一位司机挥舞拳头，想让他看到。不要这样！这是练习"数到10"的一个绝佳机会。很明显，在这种情况下，做什么也不可能对现状有所改变。事后再做什么也不能"给那小子一个教训"。而且，你的行动可能会让自己和路上的其他人面临危险。就随它去吧。

## 9．等到明天会好些吗

过一段时间之后，你是不是能把事情看得更清楚一些？别人对你的行为是不是更容易接受？你是否就不会当众大吵大闹？周围是否有其他人不应该看到冲突？

假设你的婆婆到你家已经三天了。这个下午，她从外面买回来四个新抱枕（你觉得非常难看）。她立即把这几个抱枕布置在了客厅里，并说："看！这个地方真的需要些鲜艳的东西，你说呢？"你要问问自己上面的问题，并考虑一下此时是否是作出反应的时候。

## 10．如果不采取行动，你会懊悔吗

如果你今天不作反应，明天真的会对你有影响吗？如果你什么也不做，可能发生的最坏的事情是什么？采取行动会让你感觉好些吗？会增进你的自我意识吗？

你被一个学院录取，这所学院强调学生的参与和讨论。老师经常叫错你的名字。这种失误既让你感到好笑，又让你觉得自己受到了冒犯，但你想让你班上的同学知道你的名字的正确发音（得承认，这个发音真的比较难）。这就是锻炼你的自信技巧的一个好机会！（提示：至少在第一次时，不要当着全班同学的面指出来。）

## 11．为了消除或减少障碍，你是否已经做了你所能做的

为了你期望的改变能更容易被别人接受，你能做些什么？在获取一些东西的同时你愿意并且能够放弃一些东西吗？你要求对方澄清她的意图了吗？

你邻居家的猎狼犬经常在你家的草坪上大便。你已经非常厌烦了打扫，但你又不想破坏邻里关系。你该怎么做？你自己采取一些防止问题发生的步骤怎么样？装上栅栏？或者，在草坪上喷上些专门防止宠物进入的药水？如果你决定去找邻居谈谈这个问题，你一定要有自己的建议和证据，而不能只要求对方采取措施。

## 12．你的自信行为可能产生的后果和所要冒的现实风险是什么

你和其他人会受到身体或情感的伤害吗？会丢掉工作？会失去友谊？对方有可能使用暴力吗？你了解对方吗？你的自信行为会导致冲突吗？你的自信会侵犯对方吗？她是一个讲理的人吗？对方的傲慢是你需要考虑的一个因素吗？钱呢？浪漫关系呢？在别人面前的面子呢（比如在同事面前）？

如果你像大多数父母一样，发现邻居家的孩子经常在放学回家的路上欺负你的孩子。一旦发现这种事，你的担心就会转化为怒火，会使你想采取报复行为。但该怎么做呢？把那个不良少年揍一顿？把不良少年的父亲揍一顿？报警？要求召开街坊会议？让你的孩子去学习空手道？拜访不良少年的父母？接送你的孩子？搬家？雇个保镖？

这种时候对你的判断能力和自信技巧都是一个具有挑战性的

考验。要认真考虑你的选择，并谨慎行事。

## 13．自信能带来不同吗？会改变情况吗

在说过并做过所有的事情之后，是不是任何事情都会发生改变呢？这些改变是真正的改善吗？

也许你对你们的议员能否很好地代表你和本地区其他邻居的利益没有多少信心。也许你已经给议员办公室写信或打电话表达了自己的观点。值得再多做一些努力吗？这会让事情有什么不同吗？你们的代表能否对地方需要作出回应，或者他（或她）只有自己的野心？

另一方面，地方校董会又怎么样呢？也许你可以通过关注社区事务或提出可供选择的建议以改善现状？（如果你参与了社区和学校事务，机会可能会更大一些。）

要仔细选择自信的目标，让自己在付出时间和精力之后，能有"真金白银"的收获。不要做那种"看看我！我是自信的"的狂热分子。要经常阅读这一章，以确认自己在值得自信的时候自信起来。

## 决定何时要自信

1. 你知道到底发生了什么事吗？

2. 这有多重要？

3. 你会得到你想要的吗？

4. 你仅仅是想表达自己吗？

5. 你的选择是什么？

6. 你想要一个积极结果吗？

7. 你准备好变得自信了吗？

8. 你数到10了吗？

9. 等一等会更好吗？

10. 如果什么都不做，你会后悔吗？

11. 你是否已经做了你所能做的？

12. 可能有的后果和风险是什么？

# 第23章

# 当自信不起作用时

> 我犯过的所有错误，都发生在我想说"不"却说了"是"的时候。
>
> ——莫斯·哈特

我们在本书中始终在鼓励你更有效地表达自己，以实现自己与人相处时的目标，同时，我们也知道，这并不是永远有效的。

让我们看看原因吧：

- 没有人是十全十美的。
- 没有人能永远自信。
- 生活不会给我们提供例子中所描述的那样的"理想"环境。
- 我们——还有你——不能预测你会遇到什么实际情境或者别人的实际反应。
- 在现实生活中，其他人经常会排斥你的自信努力。
- 你有时会犯错。
- 有一些情境是你无法改变的。

我们在第12章中提到过：

要料想到失败。这些办法并不能让你在所有人际关系中获得100%的成功。对于生活中的问题，并没有什么现成的或魔术一般的答案。事实上，自信并不是无往而不利的——对本书的作者也是一样。有时，你的目标与别人的目标不相融。两个人不可能站在同一起跑线上。

（让别人先行一步也是一种自信行为！）有时候，对方可能蛮不讲理或固执己见，面对这些人，无论多么自信也无济于事。

此外，你和我们一样，也是凡夫俗子，也会有很糟糕的时候。要允许自己犯错误！并且要允许别人有权利做他们自己。你可能会感到不舒服、失望、沮丧。没关系，重新对情境进行评估、练习，然后再一次尝试。

要在生活中改变一些事情，必须要克服很多障碍。正如我们已经讨论过的，有一些障碍来自于我们自身（比如，焦虑或缺乏技巧）；还有一些障碍是"外在的"，并且可能很难处理。比如，政府永远不可能有足够的资源去满足市民的所有要求，无论市民的抗议有多么有效。

报业辛迪加的撰稿人艾伦·古德曼讲过一个关于"全职工作的母亲"和"清洁服务"的故事：

家里起居室的小地毯需要清洗了。地毯清洗公司在清洗过地毯之后，拒绝按照"全职工作的母亲"指定的时间将地毯送回。在试了一些其他方法均告无效之后，她决定试试在自信训练中学到的……她对清洗公司下了最后通牒："好吧，你们可以星期二送来，但是我得告诉你，早上10：00以后，家里没人！"清洗公司11：37来了一次，并留下了张字条。最后，这位女士只能试试"顺从训练"了，她留在家里等着地毯送来。我们都有类似的经历，不是吗？

## 如果你不坚持，就只有失败

在20世纪80年代，我们为专门针对心理治疗师的一本书写过一章内容，标题是："失败：通过自信训练在失利中获胜"。在那一章中，我们讨论了自信训练对某些患者在某些环境下之所以不成功的一些原因。这些原因包括：

※ 在某个特定情境中，难以明确到底什么是"自信"。
※ 在某个特定情境下，无法准确地估计出该怎么做。
※ 可能存在禁忌自信行动的征候。
※ "罐装方式"（即"以一个方法应对所有情况"）。
※ 使用了错误的方法（"但是它对我堂兄却很管用！"）。
※ 技巧严重不足（也许你正在处理自己还没有准备好处理的情境）。
※ 焦虑。
※ 问题可能比表面上所显现的复杂得多，需要多方面的干预。

下面，让我们逐一分析这些原因。

## 难以明确什么是"自信"

即使是对一个经验丰富的专家而言，在某个特定情境下准确定义什么是"自信"也有困难。显然，友好或亲切地向一个人伸出援助之手与面对一个恃强凌弱者勇敢地站出来是完全不同的。而且，行为上的细微差别——从眼神到语气的微妙变化——很难让人在需要作出决定的时候，明确什么叫"自信"。我们在第4章中讨论了"自信"的定义的复杂性。你可以回顾一下我们对表达的内容、反应、意图和行为的讨论。

## 无法准确地评估

你无法对生活中会遇到的所有环境进行"测试"。但是，如果时间允许，回过头去想想各种情境，总是一个好主意。我们在第22

章和其他地方提供了一些供你考虑一种情境是否需要自信的要素。

## 禁忌征候

由于下面这些原因，自信行为可能是错的：
- 你对一个情境可能非常焦虑，以至于你心跳过速、手心冒汗、说话结结巴巴，这些情况几乎已经预示着你的失败了。
- 你可能过于倾向做出一些攻击性的行为，而这很可能使你或别人陷入大麻烦。
- 你对自己所处的文化或社会环境非常不熟悉，使得你无法决定何种行为是恰当的行为。
- 自信有可能会让本来已经很糟糕的情况变得更加糟糕（参阅下面"罐装方式"的例子）。
- 你打算采取自信行为的对象可能是那些会让你为自己的大胆直言付出高昂代价的人（比如老板、恶棍，或者有权势的人）。

## 罐装方式

我们的同事、心理学家伯纳德·舒瓦茨和约翰·弗拉尔斯在他们专门为心理治疗从业者而写的杰作《心理治疗师失败的原因》中，以下列案例描述了"以一种方法应对所有情况"的心理：

> 自信博士开办了一个训练班，他相信自信是解决大多数——如果不是全部的话——人际间的问题的灵丹妙药。在他的班上有一个十几岁的男孩，这个男孩的父亲是个酒鬼，经常虐待他和他的母亲。自信博士告诉他，在父亲再发威的时候，一定要自信地面对。结果，"维护自己权利"的行动使这个男孩住进了医院——幸运的

是，没有造成永久性伤害。而那位父亲则进了监狱。

我们喜欢自信，并且相信它对于精神健康很重要，但我们肯定不能把它看成包治百病的灵丹妙药。正如我们在本书中始终强调的那样，对你自己和每一种情境谨慎地进行评估并作出反应——或不作反应——是极其重要的，只要以你自己的最大利益为出发点。

## 错误的方法

我们在前面已经说过，现在还要再说一次：自信是因人因事而异的。你表达自己爱意的方式肯定与你管教自己孩子的方式不同，也与你向老板要求涨工资的方式不同，与你向老师说明希望他更关注你的孩子的特殊需要时的方式不同。仅仅从说话的语调来看，你当然不可能用管教自己的孩子的语调去与老板说话。

## 技巧的不足

也许你操之过急？我们在本书中一直在尽力说明更有效的自信技巧的培养必须要循序渐进。我们强调了要从一些小事开始的重要性。如果你首先要面对的是你的生活伴侣、老板或者警察，你可能需要抑制自己，不要让自己脑海中闪现的话脱口而出。你需要在一些风险较小的情境中做一些练习，或者从一些对你的长远利益影响不太大的人开始。并且，一定要记住自身性格特点所起的作用（具体情况请参阅第14章）。如果你天生就容易害羞、拘谨，或者相反，具有攻击性，那么自信的自我表达对你来说就不是一件容易的事。我们鼓励你坚持下去。

## 焦 虑

在第11章，我们讨论了很多关于焦虑对自信行动的抑制作用。在这里，只要指出你在期待通过自信获取更多的成功之前，需要努力克服心跳过快、手心冒汗、说话结结巴巴等问题。

## 需要多方面的干预

请原谅，我们还要再说一次："自信不能解决一切问题！"这一点对我们每个人、每一种情境来说都是正确的。我们希望你在努力变得更自信的同时，能在各个方面都照顾好自己——包括饮食、睡眠、锻炼、社会环境和经济环境等。

同样，某个特定的生活情境的基本要素，可能需要身体、社会、经济和政治等各种资源，以及自信行为。例如，考虑一下当地市民要求通过或变更一项当地法令这种影响深远的事情。自信的做法应该是在公众评论期间来到市议会，提交你的提案。但这仅仅是你必须做的工作中的一小部分。你还需要做大量的准备工作，比如，研究这个问题，或许以联名请愿的形式寻求社区支持，提供其他城市成功地实施了的相似文件，准备和提交计划书、照片，与市政官员会晤等等。

## 当你错了的时候

尤其是在刚刚开始自信行为的时候，你很可能会因不正确地理解一种情境而维护自己的权利。如果确实发生了这种情况，不要犹豫，要承认自己错了，没有必要拼命掩饰。相反，要足够坦率地表明你知道自己犯了错。另外，在今后再次面对那个人时，如果情境需要你自信，也不要犹豫。

## 避免失败

那么，你怎样才能够确保你的自信行为不会失败呢？当然，你不能。在任何生活情境中，都有太多难以预料的变数。不过，还是有很多步骤可以让你更接近成功的。首先，我们建议你回顾一下本章，以及第22章"决定什么时候要自信"的内容。其次，我们要求你在评估每一种情境以及自己自信地对其进行处理的能力时，对自己要诚实。第三，下面的建议可以在最大程度上降低你徒劳无功的可能性：

- 以本书的观点为基础，形成你自己对自信行为的定义。
- 要确保你的行为是你自己的选择，而不是按照别人（包括本书的作者）提供的"公式"。
- 努力减轻自己在社交场合的焦虑情绪（请参阅第11章）。
- 避免自己出现上面所说的禁忌征候。
- 不要轻易放弃！坚持。
- 再看看第13章关于循序渐进的步骤，针对自己的薄弱环节进行有针对性的练习。
- 仔细选择你的"战斗"。只有在你确信"值得"时，再采取自信行动。

最后，要认识到：我们都会经历失败，失败是人生的一部分。当你在自信方面的巨大努力不起作用时，要记住很多人的经历与你的一样！好消息是，在大多数情况下，失败为我们提供了一个更好地了解自己和生活的机会。

# 第24章

# 帮助他人与崭新的、自信的你相处

> 所有的路都通向同一个目的：
> 向别人传达我们是谁。
>
> ——巴勃罗·聂鲁达[1]

随着你的自信的增强，你会注意到自己周围的人发生的变化。你的家人、朋友、同事以及其他人在注意到你的变化时，可能会感到奇怪，而且，他们可能并不都会对此感到高兴。

大多数人都喜欢能够预知别人在某种情境下会如何行动，例如：

"妈妈可不会喜欢这样！"
"等你爸爸回来，就有你的好看了！"
"老板肯定会暴跳如雷的！"
"吉姆一定会非常高兴！"

而且，如果期待的结果没有出现，人们通常会表现出惊讶，例如：

"这段时间玛丽的行为怎么这么奇怪呀？"
"乔治中什么邪了？"

---

[1] 巴勃罗·聂鲁达（Pablo Neruda, 1904—1973），20世纪智利著名诗人，1971年获诺贝尔文学奖。——译者注

"你以前好像不这么说话啊？"

"你以前从来不介意我向你借东西！"

你日益增长的自信会直接影响到那些最亲近的人。他们可能会很高兴看到你的行为变得更加有效；然而，他们也可能会因为你开始反驳他们，或在某些情形下拒绝他们的绝对控制权，而感到不舒服。你可以帮助他们为你的变化做好准备，他们给你多少支持会直接影响到你的自信的增长。

## 在别人看来怎么样

人们会注意到你的变化。他们会很奇怪，为什么你不再那么听话或牢骚满腹。有些人会为这些变化喝彩，另一些人则会反对——但他们都会注意到。对初学自信的人来说，在刚开始时有些过火的表现是很常见的。这会让你的变化更引人注意。别人可能觉得你突然间具有了攻击性，而你可能的确如此。如果你是在人生中第一次说"不"，你可能会在大声说"不"时得到无穷的乐趣。"不——别再问我了！"

如果你像这样反应过度，并且到处张扬自己刚刚发现的自我表达新方式，别人就会有怨恨。这不仅是因为别人对你的行为无法预测了，而且因为你已经成了一个让他们极其讨厌的家伙。从你的朋友和家人的角度来看，你可能显得如何如何咄咄逼人，成了他们要"赶紧躲远点"的人。

相反，如果你在自我表达时过于犹豫，别人可能也会注意到你的变化，但却弄不明白你到底在搞什么名堂。

让那些与你最亲近的人——至少是你能够信任的人——知道你想要做什么是个不错的主意，你甚至可以向他们寻求帮助。如果你能够成功，最终总会涉及到你的朋友，你没有必要对这些能在这个过程中帮助你的人藏藏掖掖。本章后面会更多地讨论这个话题。

## 了解你对别人的影响

你需要培养自己对别人对你的自信行为的反应的敏感性。你要学会观察自己自信行为的影响效果，并学会观察别人对你的反应的微妙线索。

这会涉及到我们在自信表达中强调过的非语言行为。你已经学会了注意自己的目光交流、身体姿势、手势、面部表情、语气和与别人的身体距离。通过观察听你说话的人在这些方面的特点，有助于你了解你给对方留下的印象，以及他们正在作出何种反应。

## 可能存在的不利反应

在我们帮助别人学习自信的40多年的经历中，我们只发现了少数负面的结果。然而，有些人在面对别人的自信行为时，确实会以一种不友好的方式作出反应。即使你的自信行为恰到好处，你有时也会面对令人不快的反应。下面是一些例子：

**背后说坏话**。在你维护了自己的权利之后，对方可能会感到不满，尽管可能不会公开说出来。比如，在超市排队等候付款时，如果有人推着购物车插到了你前面，而你作出了自信反应，她可能会排到队尾去，但在经过你身边的时候，她可能会嘀嘀咕咕："你以为你是谁啊？"或者，"哼，有啥了不起！"我们认为，对付这种孩子气的行为的最好办法是不予理睬。如果你以某种方式反驳，表明你承认对方的唠叨是针对你的，这只会使情况变得更为复杂。

**攻击行为**。有时候，对方可能会对你表现出公开的敌意：叫嚷或歇斯底里地尖叫，或者是包括有意冲撞、推搡或击打等在内的人身攻击行为。对这种行为，最好的办法同样是避免矛盾激化。你可以为自己的行为令她生气而表示抱歉，但要坚定不移地维护自己的权利。如果你和对方在今后还会有接触，这一点就尤其重要。如果你放弃自己的权利，只会鼓励这种负面反应，你在下一次面对这个人而维护自己的权利时，就很可能再次得到对方的攻击反应。

**大发脾气**。有时候，你可能会面对一个以前总是控制你的人维护你的权利。这个人对你的自信行为的反应可能是看上去很受伤、声称自己身体不舒服、说"你根本不喜欢我"、大哭、为自己感到难过，或其他试图控制你或让你感到内疚的行为。同样，你必须做出选择，但置之不理依然是最佳选择。

**身心失调反应**。有些人会因自己的长期习惯受到了你的抵制而真的出现身体不适。腹痛、头痛和感到头晕只是可能出现的不适症状中的一小部分。你要坚定自己的自信，要认识到对方会在短时间内使自己适应新情况。要确保在这些人出现同样的情况时，你要一如既往地维护自己的权利。如果你前后不一致，对方可能会感到困惑，并且最终可能会忽视你的自信。

**过度道歉**。在极少数情况下，在你维护了自己权利后，对方会过度道歉或过度恭顺。要向对方指出这样做是没有必要的。如果今后遇到这个人时，他似乎怕你或对你很顺从，你也不要占便宜。事实上，你可以利用你在本书中学到的方法，帮助他自信起来。

**报复**。如果你面对一个自己要长期打交道的人维护了自己的权利，他可能会找机会"报复"你。在开始时，你可能难于理解对方的企图，但随着时间的推移，对方对你的奚落、嘲笑就会变得非常明显。一旦确定对方是想把你的生活搞糟，就要立即采取行动消除这种行为。通常，直接面对这种情况就足以让这种报复伎俩停止。

## 如何让别人参与进来

在本章开始时，我们就建议你考虑让自己最信任的朋友参与到你的自信训练中来。试试下面这些步骤：

❖ 告诉你的密友——要确定是值得你信赖的人——你正在学习变得更自信。

❖ 要记住，在你告诉某个人时，一定要谨慎。那些真心关心你的人，会支持你。其他人——甚至是一些好朋友或亲密的人——可能会破坏你的努力。要谨慎选择。

❖ 要告诉你的朋友自信对你来说意味着什么，以及自信行为与攻击行为的区别是什么。

❖ 请求朋友帮助你。

❖ 如果你的朋友同意帮助你，就让他注意你的某些具体行为，并定期问问他你在这些方面做得怎么样——尤其是那些行为的非语言因素。（见第8章）

❖ 要认识到，有时候，你的自信会让你对自己的朋友说"不"，或者说一些他不爱听的话、做一些他不喜欢的事。要提前或在出现这种情况时与你的朋友讨论这种情况。

❖ 要避免声称"我现在要变得自信了！"——好像这是一个行为粗鲁或其他不当行为的借口，或者逃避对自己的行为负责的借口。

❖ 如果你的自信行为是自己某种形式的心理治疗的一部分，你就不必将这件事告诉任何人。只需说说你的目标，并且指出你正在读这本书。

❖ 如果你正和心理治疗医师或其他训练人员一起学习自信，你也许会希望带上你的朋友参加一次指导或培训课程。

❖ 如果你决定让一个朋友参加到你的计划中来，你会发现后面的"如何为朋友提供帮助"会对你的自信训练过程很有用。可以把它复制下来，给你的朋友看。

## 如何为朋友提供帮助

一个对你足够信任的朋友请求你的帮助。

一个朋友、亲戚、室友、同事、爱人或其他对你来说重要的人，因为决定做某些改变而请求你阅读这篇短文。你朋友正在参加一个叫做自信训练的培训，其目标是帮助人们更加有效地表达自己。

自信行为与攻击行为经常被人混淆。所以，现在让我们先来澄清一下。学习变得更加自信并不意味着不顾别人的想法和利益，而一味地追求自己的目标。它意味着维护自己的利益，直接而坚定地表达自己的感受，并且同别人建立起考虑到双方需要的平等关系。

你的朋友可能在读一本书、参加一个培训班、向专家咨询，或者独自练习或者与大家一起练习——自信训练有很多种有效的途径。这可能需要花几周、甚至几个月的时间，但你会注意到一些变化。你的朋友可能会就去哪里聚餐、政府政策的失误，或者你应该打扫自己住的房间发表意见；还可能在你要他帮忙时说"不"；在交谈中更加主动；更多地赞美别人；或者甚至有时还会表现出愤怒。不必担心。如果这些新行为的目的是要威胁你，你的朋友就不会让你阅读这篇短文了。

大多数人都会发现，增进自信甚至会让周围的人也更加快乐。他们会更加自然，不再那么拘谨，更诚实和坦率，自我感觉更好，甚至更加健康。

那么……你怎么参与进来呢？

你的朋友让你看这篇短文，目的是让你对他或她生活中正在发生的事情有一些了解，对在随后的几周、几个月可能会看到的变化能更好地理解。

你显然是你的朋友生命中值得信赖的人，因为，让别人了解自己计划要做出的改变，是要冒一些风险的。这和把自己的梦想或新年计划告诉别人是一个道理。如果事情进展得不顺利，你的朋友很容易会受到一些真正的伤害。请珍惜他对你的信任。

下面是一些你能够提供帮助的方法：

❖ 找出一些你的朋友希望改变的事，这样你就可以知道需要观察什么。

❖ 当你看到他的一些可喜变化的时候——无论是多么小的变化——要给他一些鼓励。

❖ 对你的朋友要真诚相待，包括当你发现他的自信有点过头的时候，要及时指出来。

❖ 你自己读一些关于自信的书籍。

❖ 就一些具体的行为及其变化，如目光交流、语气等，对你的朋友进行主动的指导。

❖ 自己在自信方面做好表率。

❖ 帮助你的朋友演练一些特殊的情境，比如面试、面对冲突等。

你很可能会发现你的体贴会得到多方面的回报。你自己甚至也可以在这个过程中有所收获。

---

经出版商授权，本书这两页内容可以复印，但只能用于私人用途。

# 第25章

# 超越自信

上帝啊，请赐我安详，以让我接受那些不能被改变的；请赐我勇气，以让我改变应该改变的；请赐我智慧，以让我将这两者辨别清楚。

——雷恩霍德·尼布尔[①]

1986年1月28日的早晨，阿兰·麦克唐纳说了"不"。悲惨的是，他的话根本没人听。

麦克唐纳是为美国航天飞机"挑战者号"生产火箭助推器的制造商的工程师。他认识到火箭的O型密封环可能会因为佛罗里达早晨的严寒而失效，并且敦促美国航空航天局的官员取消那天的发射计划。悲哀的是，麦克唐纳孤独的声音不足以阻止灾难的发生。"有十几位工程师支持我的观点，但是他们没有一个人大胆说出来。"麦克唐纳说。

像阿兰·麦克唐纳一样，你的观点也是至关重要的。在你按照这本书的方法做了之后，你已经获得了更强的力量感、自信感和技巧。你知道你可以选择是否表达自己的观点、何时表达自己的观点。阿兰·麦克唐纳有勇气这样做，而他的同事没有这样的勇气——其结果是灾难性的。

当然，我们并不是说你总是要大声说出自己的看法。本书的宗旨一直是你要做出"个人选择"。尽管我们始终在指出自信行为

---

[①]雷恩霍德·尼布尔（Reinhold Niebuhr, 1892—1971），美国神学家，主张以伦理道德及基督教戒条来对抗社会问题。——译者注

的价值，但富有洞察力的读者会很容易注意到自信行为的一些潜在不足和风险。你要考虑到一系列限制和可能的负面后果。

自信行为在绝大多数情况下都会得到回报，但一些偶然情况可能会降低其价值。一个小男孩有辆新自行车，一个好欺负人的大孩子非要借去骑骑。如果这个小男孩自信地拒绝这个大孩子，结果可能是要去医院医治他被打伤的眼睛。他的主张绝对合理，但那个坏蛋却并不把"不"当作一回事。

我们并不是建议你在似乎有风险的时候就放弃自信，但我们要鼓励你考虑你的自信行为的可能后果。在某些环境下，自信行为的价值有可能抵不上避免可能的危险反应的价值。

如果你知道如何自信地行动，你就可以自由地选择是否确实要采取行动。如果你不能自信地行动，你就别无选择。本书最重要的目标是让你能够作出选择！

## "现在太晚啦！"

那些对以前出现的问题感到无能为力的人，经常就一些过去的情境向我们咨询。他们对自己以前因缺乏自信而造成的后果有一种挫败感，但对于现在改变这些事情仍然感到很无助。

卡洛斯在这个问题上为我们提供了一个很好的例子。几个月来，他的上司在快下班的时候交给他一些企划，要求他加班为第二天上午的会议准备PowerPoint演示文稿。第一次出现这种情况时，卡洛斯猜想可能是情况特殊，于是心甘情愿地答应了帮忙。然而，一段时间之后，这种"特别要求"成了经常出现的情况。卡洛斯喜欢自己的工作，但是这已经开始严重影响到了他的个人生活，他已经在考虑换一份工作了。

卡洛斯有点犹豫地把这一情况拿到自信训练班上进行了讨论，他发现教练和同伴都很支持他。在训练班上，他和大家一起演练了面对上司时的场景。他在开始时做得不好，对自己的做法感到很抱歉,并被"上司"以这种"对公司的忠诚"是这份工作所必需的为理由说服了。但是,在大家的反馈和支持下,他提高了自己有效地表达自身感受的能力,不再害怕"管理人员"的反应了。

第二天,卡洛斯在办公室向上司提了出来,说了自己的观点,并为那些项目企划工作制订了一个更为合理的时间表。在随后的两个月内,"特别要求"仅发生了两次,而且的确是在特殊情况下才出现的。卡洛斯和上司对这一结果都很满意。

这个事例的要点在于,恰当的自信行为很少会"太迟",即使是在一种情境经过了一段时间已经变得很糟糕的情况下,也是如此。去找那个人——不管他是家庭成员、配偶、恋人、老板,还是雇员——并诚恳地说"我已经考虑很久了……"或者"我很早就想找你谈谈了……"或者"我该早些提这件事,但是……",就可以导致一个最富有成效的结果,并为那些让你不舒服的问题找到解决方法。而且,还能鼓励对方在未来公开和真诚地与你进行沟通。

记住,在表达自己的感受时,要为这些感受承担责任,要说"我考虑……",而不说"你让我感到生气……";要说"我很生气……",而不是"你让我很生气……"

回过头来解决与别人之间的旧事的另一个重要原因是,那些未完结的事件依旧在折磨着你。这种经历中的怨恨所造成的愤怒或伤害并没有消失,这种情绪会使人们之间的隔阂越来越深,由此产生的不信任和潜在的怨恨对双方都会造成伤害。

即使是旧事也可以得到解决,尽你所能去尝试解决问题是值得的。揭开旧疮疤会很痛苦,而且还可能有一定的风险——结果可能会比以前更糟。尽管存在这些风险,我们仍然鼓励你竭尽所能去解决这些问题。

补充一点:正如我们以前警告过的,不要试图从风险较高的人际关系——那些对你很重要的关系——开始尝试自信技巧。那些更高阶段的尝试应该在你具备了一定的基础之后再进行。

## 钟摆的摆动

"我有个朋友,她过去非常平和、沉静。但是自从参加过自信训练之后,她变得让人无法忍受了,对什么事情都抱怨!她确实过分了!"

那些认为自己一直在受欺负的人,在学了自信行为之后,可能在说话时变得很有攻击性。这可能在传达这样的信息:"现在轮到我了,我要把那些人摆平!"被掩藏了多年的情绪可能一下子爆发出来。

同样,那些以前具有典型的攻击性的人,在刚开始学习更恰当的方式时,会对以前的行为感到后悔,并变得高度敏感和畏首畏尾。一个经常嘲笑、欺侮你的人突然像对待王室成员一样对待你,会让你感到大吃一惊吧?

如果这种急剧的风格转变发生在你或你认识的人身上,也不要绝望。这两种戏剧性的行为转变都是正常的反应,并不出乎预料。在寻求转变的时候,矫枉过正是很常见的。给一点时间。这就像钟摆需要经过一段时间的摆动才会达到平衡一样,更为恰当的自信风格也是逐步形成的。

## 自信和全面健康

正如我们在本书中讨论的那样,自信地表达自己是在生活中获得自信心和自我控制能力的一个有价值的工具。特别是当它作为一个更全面的增进健康计划的一部分的时候,其价值甚至更大。我们鼓励你以"全面"的观点——综合心理、身体、精神以及环境的多方面因素——来考虑。简而言之,就是要涉及到自己的方方面面。

看看你自己目前的健康情况、饮食和睡眠以及锻炼方式、心态、信念和价值观、生活条件以及病史，所有这一切对于全面评估你的健康状况都是很重要的。例如，不要以为仅靠自信技巧的改善就可以很好地解决缺乏自信的问题。睡眠不足或身体疾病也会对此产生影响！你需要考虑所有的可能性，如果需要的话，还要向专业人士咨询。

越来越容易获得的健康方面的信息（比如通过互联网）、越来越强的全面健康的意识、日益增强的消费者至上主义以及昂贵的医疗和保险支出，使人们对全面健康的关注前所未有地提高了。尽管医疗行业内部分工越来越趋于专门化，但全面健康的观点正在各个医疗专业领域出现。

## 自信与健康之路

自信行为的缺乏会让你生病吗？

行为医学和精神神经免疫医学这两个关于"精神-身体"关系的新领域的研究告诉我们，缺乏自信在疾病的产生以及治疗中都有重要的作用。

医学研究人员对癌症、心脏病、呼吸障碍、胃肠器官系统失调、关节炎等疾病的患者进行了研究，以确定与长期的不自信行为或攻击行为有关的压力因素是否会造成上述疾病。当然，精神与身体之间的关系是复杂的，关于疾病原因的解释还需要进一步研究。研究人员发现，产生疾病的原因很少是某个单一因素（比如自信问题或者吸烟），而是多种因素共同作用的结果。

心脏病专家里威廉姆斯（我们在第17章提到过他）对"敌意"态度是否会诱发心血管疾病进行了深入的研究。威廉姆斯和他在杜克大学的同事通过大量的研究指出：敌意态度和敌对行为，与吸烟、血液中胆固醇升高、高血压等危险生理性因素一样是造成心血管疾病的一个重要风险因素。

威廉姆斯建议将自信训练作为减少敌对态度和行为以及其他

致病因素的多方面治疗计划的一部分。他发现，你越能以一种诚实、坦率的态度处理自己的情绪，你的情绪就越不会恶化并产生"敌对"或愤世嫉俗的想法和行为。

另外一个利用自信技巧促进健康的途径是对自己的健康保健负责。这意味着当你必须去看医生时，要学会自信。"精神-身体"研究领域的研究人员正在教导病人如何这样做。内科医生谢尔登·格林菲尔德和社会心理学家谢丽·卡普兰做了一组实验，他们来到一家医院，对正在等待看医生的病人进行了20分钟的短期自信培训。培训的主要内容是演练在面对医生时如何问一些关键问题，以便在看病的过程中能够起到更加积极的作用。然后，他们将这组受过训练的病人与另外一组没有接受培训的病人进行比较。他们发现，接受了自信培训的病人能够更为自如地面对医生。这些病人能够主导谈话，在必要时能够插话，并且对自己的病了解到了更多信息。更重要的是，四个月以后，那些接受了短期自信培训的病人比起没有接受培训的病人误工更少、症状更轻、整体健康状况更好。

不管是患病前还是患病后，在自己的健康保健过程中，你都有很多方法成为一个自信交流的倡导者。对自己的健康保健采取行动，并相信这一行动的效果，是自信行为的重要应用。要将你自己当做整体，通过身—心—神三个方面对自己进行全面的培养。要坚持各种预防措施，如：保持低脂肪、均衡膳食，有氧运动，对心理和精神健康的充分关注等。

重要的是，要学会对自己的生活和健康负责。要更好地作出健康保健方面的重要决定：你对医生的选择以及如何与他们打交道；医疗保险的覆盖范围及其理赔方式；你对自己、自己的疾病及其治疗（如果患有疾病的话）的了解；如何与医生办公室和医院工作人员打交道；以及关于对药物和各种治疗方式的选择等。

在健康和健康保健方面的自信沟通能够挽救你的生命。

## 自信与常识

在本书中，我们一直在强调"行动"。当我们在1960年代刚开始做自信训练的时候，我们发现，对我们那些难以自我表达的患者来说，让他们"行动"是非常有效的方法。他们中的大多数人都很羞涩、不自信，不肯为自己的利益采取任何行动。对于他们来说，似乎最有效的办法就是激发他们，让他们重新动起来，教会他们"站起来、说出来、反驳。"此外，自信对于那些受到社会焦虑压抑的人也非常有帮助。

后来，我们开始认识到很多人将这些理念作为攻击行为或至少是愚蠢行为的通行证。一些自信训练的教练鼓励学员在课下走进一个饭馆，只要一杯白水；或者走进一个汽车服务站，要求他们仅仅清洗车窗玻璃。（在当时，汽车服务站真会这样做！）

让我们回归常识吧：

**不要操纵别人**。在运用恰当时，自信会大有帮助。但是，不应该把它作为操纵别人的工具，作为以别人的代价来实现你的目标的手段（这是攻击行为），或者把它当作一种一贯的行为方式。

**不要墨守成规**。你不需要在任何时候都"维护自己的权利"。总是要求别人注意你的意见、总是有话要说，是多么无聊和粗野啊。要让自信成为你全部行为技能中的一个工具，一种在重要且需要时可以使用的行为方式。没有什么东西在任何时候都是好的！"好事过头反成坏事"是完全有可能的！

**要和善**。"和善"一词在本书中并未被重点提及，但是，自从我们用自信帮助人们相互尊重、体贴以及和善开始，它就一直是我们的一个意图。对于那些曾经受别人摆布的人来说，自信就是要帮助他们获得久已失去的其他人对他们的尊重。

自信与和善、体贴、同情、体谅或优雅并不矛盾。那些拥有真正自信的人，都非常关心别人和别人的权利。"移情自信"这个词就是用来描述那种直接针对别人需求的自我表达方式的。

我们完全支持"随机的慈善"的概念：不留名的慈善行为，不求任何可能的认同和回报。

**做你自己**。太多的人曲解了自信的含义，好像自信有一个唯一的定义，可以把某个符合标准的行为打上"自信"的标签。我们在第5章讨论过这个问题。但我们要再次强调：每个人的认知是不同的！

每个人对世界都有自己独特的看法。不要用你的想象去塑造别人！不要认为在一个特定情境中只有一种自信方式。如果愿意，人们有权选择不维护自己的权利。要懂得"萝卜白菜，各有所爱"。

**要坚持，但不要讨人嫌**。"坚持"是自信行为最重要的一个方面，但却是常常被忽视的方面。仅仅要求得到你想要的是远远不够的。你可能需要反复要求、直接向有权威的人提出要求、写信、从别的途径施压（比如，消费者权益保护团体或政府管理部门）。

你的理由重要吗？如果你第一次没有得到帮助，就再来一次。去找经理。给公司的总裁打电话。再一次向邻居指出他的狗很吵。提醒你的老板你该升职了。

记住，在坚持的过程中要自信——唠叨可能会是攻击性的！

**练习——但不必"追求完美"**。某些所谓的"自信"反应其实是机械的并可以排练的。尽管我们建议你在培养自信的风格和技巧时要练习，但我们认为形成你的个人风格是非常重要的——要将自信与你待人接物的独特方式融合在一起。如果你完全照搬本书或者别人的风格，你就会失去可信性，别人也不会认真对待你。

**忘掉当业余心理医生的念头吧。**不要试图去为别人做"心理分析治疗"！有些人到处寻找机会去实践自己的"心理学思想"，总是想断定别人会如何作出反应，并按照自认为会影响别人的方式来"塑造"自己的行为。这样做是很不明智的，即使是我们这些受过训练的心理医生，也不能保证会获得成功。

相反，要努力做好自己，要自信，要考虑别人的需求、权利和尊严。

## 超越自信

该说的都说了。其余就看你的了。要记住：

❖ 自信是可以学会的。如果你愿意，你就能改变自己。

❖ 改变是艰难的。这通常是缓慢的、一步一步的。不要一次处理太多的问题。完成那些可以实现的步骤，就能成功！

❖ 没有什么魔法答案。虽然，自信并不是总能发挥作用（对本书作者也是如此！），但它肯定是一个好的选择。不要因最初的失败而停止再次尝试。

❖ 当自己有所改变时，要给自己一点奖励。即使最微小的进步也值得鼓励。

❖ 需要帮助时，不要犹豫，包括向专业人士求助。任何人都有需要帮助的时候。

你在开发一个价值无限的资源——你自己。你的身高、外形、肤色、年龄、种族、文化背景、性别、生活方式、教育、理想、信念、价值观念、职业、人际关系、思维和行为方式构成了独一无二的个体——你。由于本书是写给很多人的，我们不得不做很多概括。自信对于不同的人意味着不同的东西。你必须决定哪些是与你相关的，以及如何将其运用在自己独特的人际关系中。

要记住，自信不是一个用于操控、胁迫或为所欲为的工具。它是你维护自己的权利、建立平等的人际关系、表达自己的愤怒、向别人伸出援助之手、表达自己的感情以及变得更为坦率的一种手段。最重要的是，它是让你成为一个你所希望成为的人，让你对自己感觉良好，并表现出你对别人权利的关心和尊重的手段。

# 附 录

## 自信练习情境

下面是一些需要自信行为，并使很多人感到难以处理的日常生活情境。每个情境都提供了可供选择的反应方式。每种选择都可以归入我们描述过的"不自信－攻击性－自信"的分类中。

设计这些情境是为了让你能够按照第13章所描述的循序渐进的步骤进行练习。选出那些适合你的需要的情境，每次针对一个情境慢慢练习。在你看每个情境描述时，要用你自己的想象力填补情境的细节。

要利用情境提供的可供选择的反应和你能想到的反应，按照第13章的步骤4～7进行练习。对于你选择的每一个情境，要按照第13章中的步骤8、9、11、12的要求进行角色扮演和反馈练习。然后，请继续进行其他步骤。要记住，既要关注你说了什么，又要关注你是怎么说的。

我们在这里提供的练习情境按照家庭、密友、消费者、职场、学校、社区以及社会这几种典型环境做了分类。在每一类中，我们仅提供了少量情境，尽管分类和情境的数量就像生活本身一样可以是无限的。我们要求你用自己生活中的更多例子来拓展自己的练习。

## 家庭情境

**过夜。**你12岁的女儿招待其他5个女孩在你家过夜。你看了看时钟，已经凌晨2：17了，姑娘们现在应该安静下来睡觉了，但你仍然能听到她们叽叽喳喳的声音。

供选择的反应：

(1)你在床上翻来覆去睡不着，希望你的配偶会起来对姑娘们说些什么。你真的很生气，但只是躺在那里试图抵挡住她们的声音。

(2)你从床上跳下来，愤怒地斥责这些姑娘的行为，特别是你的女儿。

(3)你从床上起来，坚定地（让她们知道你是当真的）对这些姑娘们说，你今天晚上已经受够了。你指出，你明天早上需要早起，并且所有人都需要睡觉了。你清楚地表明，你再也不能忍受任何声音了。

**来访的亲戚**。玛格丽特姨妈打来电话，告诉你她计划下周来访，准备在你家里住上三周。你真的不想和她一起待太久。

供选择的反应：

(1)你想："哦，不！"可嘴上却说："我们很高兴您来，您想住多久就住多久。"

(2)你告诉她，孩子们刚刚得了重感冒，房子的屋顶漏了，下个周末你们要去比尔表哥家——没有一件事是真的。

(3)你说："很高兴您来度周末，但我们没办法邀请您待很长时间。短暂的拜访对所有人都是愉快的，而且我们会希望再次相见。我们需要参加很多学校和社区活动，这会占用我们大部分夜晚和周末的时间。"

**后半夜才回家**。你十几岁的儿子刚从学校聚会回来，现在是凌晨3点，你已经担心得快发疯了。你们一贯要求他必须在午夜之前回家。

供选择的反应：

(1)你考虑再三，还是睡觉去了。

(2)你冲他嚷道："你到底去哪个鬼地方了？知道现在几点了吗？你让我整夜都没法睡觉！你这个不动脑子、不体谅别人、自私自利的坏小子，我应该让你睡到大街上去！"

(3)你说："你还好吧，山姆？我很生气，一直在担心你！你不是说会在午夜之前回来吗？这几个小时我都快发疯了。你要是能打个电话告诉我一声多好！明天我们讨论一下你晚上外出回家的时间。"

**讨厌的小家伙**。学前班老师告诉你，你三岁的孩子在班上打别的孩子。在家里，这孩子也是想干什么就干什么，很晚还不睡觉、欺负宠物、不好好吃饭。以前，你还觉得他的这些行为挺"好玩儿"的。

供选择的反应：

(1)你温和地对你的儿子说不能打别的孩子。他说其他孩子欠揍，但他仍然感到抱歉。他跳到你的腿上，你说："你真是个可爱的孩子。我爱你。"

(2)你粗暴地揪住你儿子，说道："要是你再打别人，我就把你的屁股揍成八瓣儿。"

(3)你和老师以及你的家庭医生讨论了这个问题。在排除了身体原因之后，你预约了家庭服务中心的咨询服务，准备到那里寻求帮助。

## 亲密情境

**回家吃饭晚了**。你的妻子本该一下班就回家吃饭的。然而，她却晚了几个小时才回来，并且解释说她和几个姑娘一起出去喝了几杯。她显然是喝多了。

供选择的反应：

(1)你对她不体谅人的行为什么也没说，只是开始给她准备食物。

(2)你大喊大叫，说她是个喝醉了的蠢货，一点也不考虑你的感受，给孩子们树立了一个坏榜样。你问她邻居们会怎么想。你让她自己去弄吃的。

(3)你平静而坚定地告诉她,应该提前告诉你晚上有其他安排,并且可能会回来得晚些:"至少你可以给我打个电话。饭菜凉了,放在厨房里。明天我们得好好谈谈这个问题。"第二天,你和她谈了。

**收支平衡。** 家庭经济紧张。当你收到这个月的信用卡账单时,你吓了一跳。你的配偶买了好多看上去又贵又没用的东西。

供选择的反应:

(1)你找到一台ATM机,照着账单上的数目取了钱,为了报复,把钱都花到了自己身上。你对信用卡的事连提都没提。

(2)你认识到自己以前也胡乱花过钱。虽然对这月的账单很生气,但决定这次予以理解。

(3)你安排了一个适当的时间来讨论家庭财务问题,并告诉你的伴侣,当你打开账单时着实被吓了一跳。你让对方作出解释,并坚持双方在使用信用卡时都要遵循一些基本原则。

## 消费者情境

**理发的烦恼。** 在理发店里,理发师刚刚给你剪完了头发。当他把椅子转向镜子的时候,你发现两鬓还需要修一修。

供选择的反应:

(1)你点点头说:"挺好!"

(2)你摇摇头,尖刻地说:"不,伙计。这可不行。你难道认为鬓角弄成这样就算完事了吗?啊?"你大声要求他"把活儿干完"。

(3)你告诉理发师,两鬓还需要再修一修。

**少找零钱。** 买完东西从小店出来的时候,你发现店员少找给你三块钱。

供选择的反应：

(1)你停了下来，考虑为了三块钱是否值得去费劲。沉吟半晌之后，你认为不值得，就回家了。

(2)你冲回小店，大声要求对方把少找的钱还给你，贬损这个商店"惦记着你的每一分钱"。

(3)你回到店里，找到店员，说对方少找了你三块钱。在解释的同时，你向对方出示了收据和你收到的所有找零。

**排队、排队、排队**。你正在收银台前排队等着交钱、打包。一个比你来得晚的人站到了你前面。你早就等得不耐烦了。

供选择的反应：

(1)你决定放弃，不买这些东西了。

(2)你喊道："这家店的服务太差劲了！"你把要买的东西摔在柜台上，扬长而去。

(3)你用足以让所有人听见的音量大声对店员说："该我了。刚刚那个交完钱的人本来在我后面。现在请给我结账。"

**不要给我打电话**。你在家休息，期待着能度过安闲的一天。大约在上午11点钟左右，电话响了，电话是找你的，听起来好像很重要。然后，你听到："这里是《岩石公路》杂志社。我们正在做一个读者调查。您看过《岩石公路》吗？"你对这种干扰很烦躁。

供选择的反应：

(1)你很礼貌地等着对方说完，并且回答了对方所有的提问。随后，你发现这根本不是什么读者调查，而是电话推销。这通电话持续了10分钟。

(2)你对着话筒喊道："你们这些贪婪的家伙！你不知道电话隐私吗？要是不知道的话，就把它刻在自己脑门上吧！"随后用力挂断了电话。

(3)你坚定地说："我没兴趣。"对方答道："我只想问几个问题。"你坚定地重复道："我没兴趣，请把我放到你们的不可呼叫名单里面，不要再打来了。"随后，你挂断了电话。

## 职场情境

**加班。**你和你的伴侣今晚要去参加一个派对，你已经盼望了几个星期了。你打算一下班就马上离开。然而，下午的时候，你的主管要求你为一项特别的任务加班。

供选择的反应：

(1)你对自己晚上的安排只字未提，只是答应留下来加班，直到完成任务。

(2)你用紧张、生硬的声音说道："不，我今晚不会加班！你应该事先有个计划！"然后，你掉转头去做你自己的事去了。

(3)你用坚定但令人愉快的声音解释了你今晚的重要计划，并说今晚你不能为了那个特别任务而加班，但也许你可以帮忙找一个替代方案。（由于这是第一次向你提出这样的要求，你还愿意明早提前到公司来做这个项目。）

**拒绝激情。**你的一个同事向你发出了性爱的邀请。你对对方一点兴趣也没有，并开始感到厌烦。

供选择的反应：

(1)你开始改穿更平常的衣服，并改变发型，而且每次那个人接近你的时候，你都把脸扭到一边。

(2)当那个人再一次提出相同建议的时候，你大声说道："你这个人渣！我讨厌你在我身边乱转。离我远点，否则我要报警了！"

(3)当那人再次接近你的时候，你平静但坚定地说："我对与你发展关系没兴趣。你的不当言行已经骚扰我几个星期了。每次我都有记录。如果你不马上停止，我会向公司正式投诉你骚扰。"

**低于一般水平。** 你手下的一个员工最近的工作总是达不到要求。你决定最好在事态失控前作出处理。

供选择的反应：

(1)你非常平静地说："我很遗憾提起这件事，但我知道你一定有什么理由才使工作达不到要求的。"

(2)你吼道："你怎么回事？你最近的工作真是一落千丈。如果你不能好好干活儿，我会让你卷铺盖走人的。"

(3)你把这个员工带到一边，说道："我对你最近的工作表现很担忧。这段时间你的工资一直涨不上去。咱们一起分析一下到底是怎么回事，看看怎么改进你自己的工作。"

**打断批评。** 你在工作中犯了个错误。你的主管发现了，正在对你进行严厉的批评和斥责。

供选择的反应：

(1)你卑躬屈膝地说道："对不起！做出这么不小心的事简直是蠢到家了。我不会让它发生第二次。请再给我一次机会吧！"

(2)你瞪着眼愤怒地说："你凭什么这么批评我的工作？你就那么完美吗？离我远点，以后别来烦我。我知道怎么做好自己的事！"

(3)你承认了错误："我听到你说的了，我承认这是我的失误。我以后会更加小心。我想今后不会再发生类似的问题了，但如果发生了问题，我希望我们能更平静地讨论。我能从建设性的批评中学到更多的东西。"

**又迟到了。** 你的一个下属最近三四天一直迟到。

供选择的反应：

(1)你向自己或者别人抱怨该下属的迟到，但对他本人却什么都没说，希望他明天开始能够按时上班。

(2)你当着其他下属的面大声责备他。你说他没有权利利用你的好心，他最好能按时上班，要不就会被解雇。

(3)你和那个下属单独谈,告诉他你注意到了他最近经常迟到。你问道:"有什么要向我解释的吗?如果有,你最好告诉我,别让我蒙在鼓里。需要做哪些改变,你才能按时上班?"

## 学校和社区情境

**声音大一些**。在一堂300个学生一起上的课上,教授讲课的声音很轻。你听不清他在说什么,你知道很多人也听不清。

供选择的反应:

(1)你继续伸长了耳朵听,最后甚至挪到了教室的最前面,但对他蚊子般的声音却什么也没说。

(2)你大喊道:"大点声!"

(3)课后,你找到教授,指出了问题,并且问他声音能否大一些。

**澄清**。在社交名流俱乐部的一次会议上,主席正在讨论高中年度演讲比赛的程序问题。他的一些说法让你感到十分困惑,并且你相信他对规则的描述是不正确的。

供选择的反应:

(1)你什么也没说,继续思索那些困扰你的问题,稍后,你开始查找自己关于去年竞赛的笔记。

(2)你打断了主席的话,告诉他他错了,指出了错误并且纠正了他。你的措辞和嘲弄的口吻显然令他很不安。

(3)你得体地要求主席就有疑问的程序作出进一步的解释,提出了你的困惑,并指出产生困惑的原因。

**道德**。你是一个11人讨论小组的成员,大家在讨论人类的性问题。其中有三四个学生的观点与你个人的道德准则是冲突的。

供选择的反应:

（1）你静静地听着，没有公开表示不同意这些人的观点，也没有阐述自己的观点。

（2）你大声抨击他们的观点。你强烈捍卫自己所信仰的观点，并要求其他人把你的观点当作惟一正确的接受下来。

（3）你大声地做了发言，支持自己所信仰的观点，你的立场明显不太受欢迎，你也认可了小组其他成员的观点。

**万事通。**布朗太太是社区环境美化委员会的成员，她一直主导着小组讨论，让你很沮丧。她对每个问题都有"答案"，并且现在又开始了另一场激烈的演说，且已经持续几分钟了。像往常一样，别人对此都没有说什么。

供选择的反应：

(1)你越来越恼火，但仍然没作声。

(2)你突然爆发了，指责布朗太太不给任何人机会，并且说她的想法既不合时宜又毫无价值。

(3)你打断了她，说："对不起，布朗太太；你提出了一些很好的观点，但我希望你知道你独占了会议的时间。"你直接向她和其他成员建议制定一个讨论程序，保证大家都有机会发言，以减少某个人主导会议的可能性。

## 社会情境

**破冰。**你正在参加一个聚会。除了主人以外，你谁也不认识。你有心结识别人并让自己能够在聚会上如鱼得水。于是，你向三个正在聊天的人走过去。

供选择的反应。

(1)你笑容可掬地站在离他们很近的地方，但什么也没说，等着他们注意到你。

(2)你听着他们谈论的话题，然后插了进去，对一个人的观点表示不同意。

(3)你立即插入谈话，并作了自我介绍。

(4)你等到谈话间歇，然后作了自我介绍，并问自己能否加入。

**约会。**你想约一个最近见过三四次面的人出来见面。

供选择的反应：

(1)你坐在电话旁，在脑子里一遍遍地想着要与对方说的话，以及这个朋友会怎么反应。你几次拿起电话，几乎都快拨完号了，但最终还是放下了。

(2)你拨通电话，等对方一接，你就说道："嗨，宝贝儿，这周末咱们一起出去吧！"对方退后一步，问道："你谁啊？"

(3)你拨通电话，当对方答话后，你说了自己是谁，并且问道："学校生活还好吧？"对方答道："还行，除了担心星期五的经济学考试之外。"有了这个话题，你们聊了几分钟考试的事情。然后，你说道："既然大考快要结束了，星期五晚上一起看个电影好吗？"

**被动吸烟。**你正在社区公园参加一个会议。你不认识的一个男人坐到了你旁边，热切地抽着一支大雪茄。烟味让你非常不舒服。

供选择的反应：

(1)你默默忍受着烟味的干扰，心里想着，一个人如果愿意，有权在户外吸烟。

(2)你非常生气，要求他要么挪开，要么把烟灭掉。你大声抨击吸烟的害处，以及吸二手烟的巨大危害。

(3)你坚定但礼貌地指出，烟味令你非常不舒服，要求对方不要吸烟。

(4)你告诉他，因为是你先到的，要是他想继续吸烟的话，请他挪到离你远点的位子去。

## 总结

我们在这个附录中提供了很多方面的自信情境。我们相信你会发现这些情境的价值：

- ❈ 表明自信行为可以运用于各种生活领域。
- ❈ 表明不自信、攻击性、自信反应方式不论在哪种具体情境中都有或多或少的共性。
- ❈ 为你对生活中需要自信的其他情境进行思考做好准备。
- ❈ 为你在需要自信行为的时候如何处理提供理念。

你在这些例子中可能会很容易看到自己的影子。这为你认清自己的反应提供了一个机会。记住，没有人是永远自信的。当你取得进步时，你的"不自信"或"攻击性"会越来越少，你将会形成一种更持久和更自然的自信风格。但是你不可能变成完美的人。即使是那些写自信书籍的人，有时也会遇到不自信或攻击性行为的麻烦。

祝你一切顺利！

# 致　谢

近50年来，如此多的读者、评论家、治疗师和其他人从本书中获益，这让我们既惶恐又骄傲。发行10版，近150万册的销量，被翻译成20多种语言以及大量热情的反馈……我们为自己的工作能让这么多人感动而欣慰。

当然，我们并不是独自完成这些工作的。数百人——也许是数千人——我们的同事、心理学和其他公共事业领域熟悉的和不熟悉的从业人员，你们诚恳的批评、有力的支持、热情的赞美以及积极推荐本书的行动，都对本书的成功作出了贡献。我们非常感激地了解到，本书被评为自信表达领域的最佳图书之一，也是自助类最佳图书之一。我们希望本书的第10版能够像以前的版本一样，继续作为一个有价值的资源为你们的客户服务。

我们想感谢所有为本书作过直接贡献的人，但在此肯定会有遗漏。如果我们在这里没有提到你的名字，请接受我们的歉意，并相信我们非常感谢你们的帮助。

我们要特别感谢南茜·奥斯汀（Nancy Austin）、阿尔伯特·埃利斯（Albert Ellis）（已故）、凯·埃蒙斯（Kay Emmons）、西里尔·弗兰克斯（Cyril Franks）、卡罗尔·吉尔（Carol Gill）、W.海罗德·格兰特（W. Harold Grant）（已故）、查克·海林格尔（Chuck

Hailinger）、阿诺德·拉扎鲁斯（Arnold Lazarus）（已故）、拉克兰·麦克唐纳（Lackland MacDonald）（已故）、凯莉塔（Kyrita）和查尔斯·梅克尔（Charles Merkel）（已故）、斯坦利·菲尔普斯（Stanley Phelps），以及我们研究小组的所有朋友们（由于部分成员不愿公开姓名，在此仅提供部分名单）：麦克·塞博尔（Mike Sebor）（已故）、约瑟夫·沃尔普（Joseph Wolpe）（已故），同时，还要感谢本书出版公司敬业的员工们长期以来的大力协助。

最后，罗伯特要特别感谢黛博拉·阿尔伯蒂（Deborah Alberti），感谢她50年来对他的支持和爱。马歇尔想感谢他的妻子珍妮特（Janet），感谢她在养育儿女、工作，以及与他共享爱情的同时，帮助他把自信表达运用到日常生活中。

罗伯特·阿尔伯蒂
马歇尔·埃蒙斯
加利福尼亚州 阿塔斯卡德罗和圣路易斯奥比斯波
2016年8月

补充说明：在本书第10版即将付印的时候，马歇尔离开了我们。经过三年多的战斗，他那被诅咒的使人衰弱的疾病最终打败了他不屈不挠的精神。马歇尔是一个非常亲密的朋友，一个杰出的合作者，一个我认识的人里最好的人。对他最大的谢意就是，让大家知道这本书一开始就是他的主意。

罗伯特·阿尔伯蒂
加利福尼亚州 阿塔斯卡德罗
2016年10月